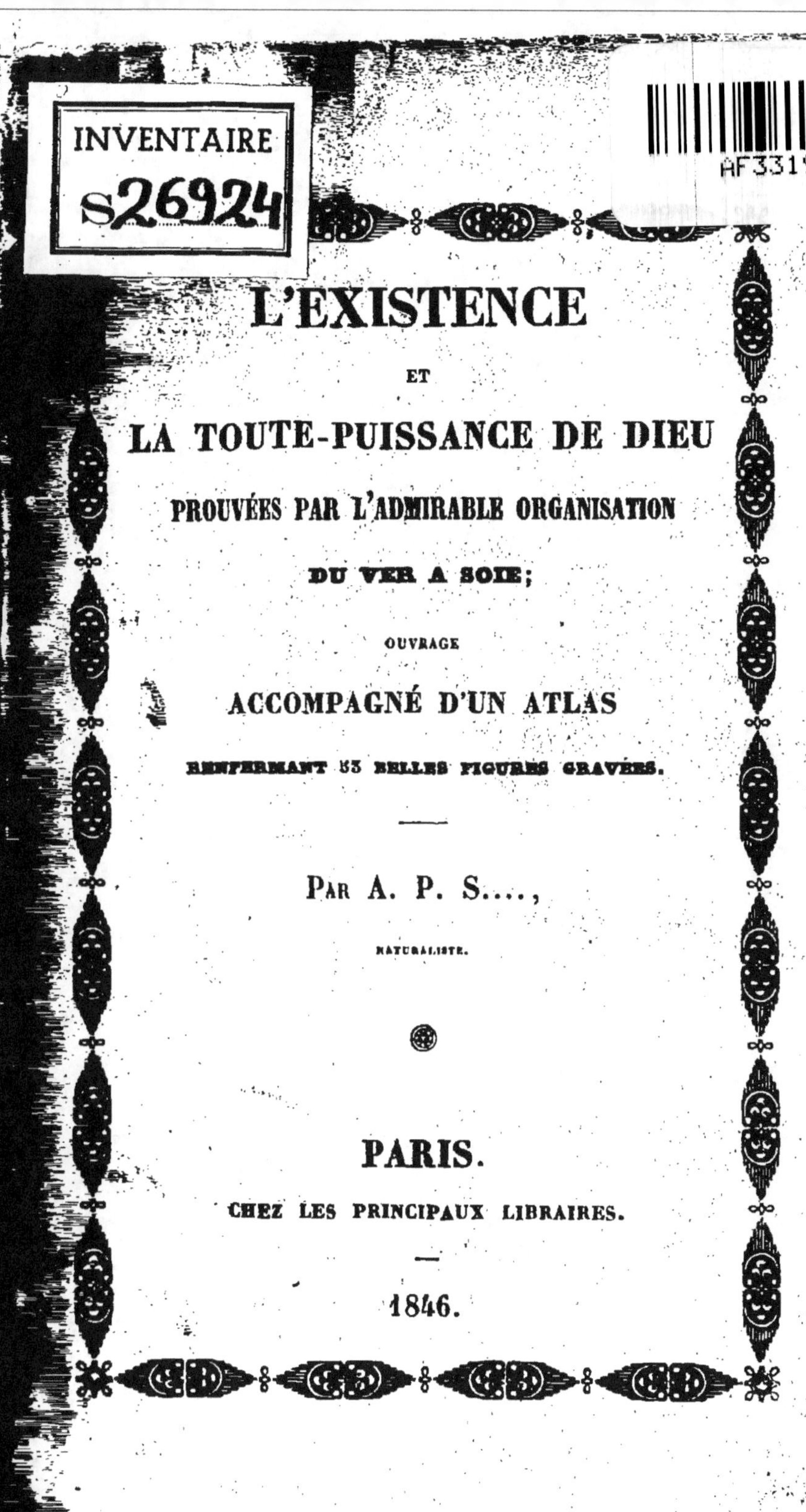

L'EXISTENCE

ET

LA TOUTE-PUISSANCE DE DIEU

PROUVÉES PAR L'ADMIRABLE ORGANISATION

DU VER A SOIE;

OUVRAGE

ACCOMPAGNÉ D'UN ATLAS

RENFERMANT 53 BELLES FIGURES GRAVÉES.

—

Par A. P. S....,

NATURALISTE.

PARIS.

CHEZ LES PRINCIPAUX LIBRAIRES.

—

1846.

L'EXISTENCE

ET LA TOUTE-PUISSANCE DE DIEU

PROUVÉES

PAR L'ADMIRABLE ORGANISATION

DU VER A SOIE.

Plus de 73 000 parties renfermées dans un ver
à soie qui, en naissant, n'a guère que trois
millimètres de longueur ; ces 73 000 parties
se reproduisant, de génération en génération,
dans les mêmes proportions, et fonctionnant
toujours dans le même ordre, n'est-ce pas là
une preuve sans réplique de l'existence et de
la toute-puissance d'une première cause ?

METZ. — IMPRIMERIE DE S. LAMORT.

L'EXISTENCE

ET

LA TOUTE-PUISSANCE DE DIEU

PROUVÉES PAR L'ADMIRABLE ORGANISATION

DU VER A SOIE;

OUVRAGE SUIVI

De l'éducation de cette chenille, d'un grand nombre
d'observations philosophiques sur les insectes,

d'une

TABLE ALPHABÉTIQUE DES PRINCIPAUX ENTOMOLOGISTES,

ET

ACCOMPAGNÉ D'UN ATLAS

RENFERMANT 53 BELLES FIGURES GRAVÉES.

———

Par A. P. S....,

NATURALISTE.

PARIS.

CHEZ LES PRINCIPAUX LIBRAIRES.

———

1846.

PRÉFACE.

« Les preuves de Dieu métaphysiques
» sont si éloignées du raisonnement des
» hommes et si impliquées, qu'elles ne
» frappent pas; et quand cela servirait à
» quelques-uns, ce ne serait que pendant
» l'instant qu'ils voient cette démonstration;
» mais une heure après, ils craignent de
» s'être trompés. »

Si l'on n'admet pas absolument cette

opinion, émise par un homme célèbre,
on est forcé toutefois de reconnaître que
les preuves physiques de l'existence et de
la toute-puissance de Dieu, sont celles qui
se gravent le mieux dans l'esprit, et, par
conséquent, celles qui produisent les impressions les plus durables. C'est pour prouver cette assertion, que nous avons pris
la résolution de publier ce petit traité qui
aura, du moins nous l'espérons, l'inappréciable avantage d'être compris et goûté,
non-seulement par les personnes versées
dans les sciences naturelles, mais aussi par
celles qui ne se sont jamais livrées à cette
étude.

Nous ne chercherons pas à démontrer dans
une préface, ce que nous avançons; nous
nous contenterons de dire à nos lecteurs :
lisez avec réflexion, ayez souvent devant

les yeux les figures, en lisant le texte, et nous sommes convaincu qu'en suivant cette marche, vous partagerez notre opinion. Vous reconnaîtrez avec nous que, dans les plus petits êtres organisés, tous les organes ont été construits avec une sagesse admirable, pour qu'ils remplissent les fonctions auxquelles ils sont destinés, et que l'application la plus savante des sciences y a été faite à un degré d'élévation bien supérieur à nos faibles moyens.

Vous reconnaîtrez aussi avec nous qu'une sublime prévoyance s'est jouée de toutes les difficultés, en les surmontant ou en les évitant ; qu'aucune pièce inutile n'a été créée et qu'aucune pièce utile n'a été oubliée ; enfin, qu'un être tout-puissant a pu seul créer cette force vitale incompréhensible qui anime tous les animaux.

Avant de terminer cette courte préface, nous croyons devoir répondre d'avance à une objection que le titre de ce petit traité fera naître indubitablement dans l'esprit de certains lecteurs : *Pour quel motif*, nous dira-t-on, *avez-vous choisi le ver à soie plutôt que tout autre être animé ; la création de l'homme ou du plus chétif insecte ne prouve-t-elle pas également l'existence et la toute-puissance de Dieu ?* Voici notre réponse : Il est certain qu'aux yeux de tout observateur, la création d'un animal quelconque devrait suffire pour nous affermir dans cette croyance ; mais nous avons choisi le ver à soie, parce que cet insecte est un des animaux les plus connus, les plus utiles et un des plus compliqués dans son organisation ; parce qu'à cause de la petitesse de tous ses organes, cette complication nous paraît encore plus merveilleuse ; enfin, parce que nous avons voulu, en même temps, chercher à populariser des ouvrages rares et uniques en leur genre : ce sont les beaux travaux de Malpighi sur le ver à soie, et l'immortel traité de Lyonet sur la chenille (1), ouvrages dans lesquels nous avons puisé les principaux matériaux qui nous ont mis en position d'initier nos lecteurs à des mystères trop peu connus de la plupart d'entre eux, et dont le dernier surtout, qui a coûté dix années de travail à son auteur, a été considéré par divers entomologistes

(1) Bien que Lyonet se soit occupé spécialement de la chenille du saule, ainsi qu'il le dit lui-même, ses curieuses observations s'appliquent au ver à soie et aux autres chenilles. Voici le passage de sa préface qui confirme cette observation : « Il suffit d'avoir l'exemple » de l'anatomie d'une seule espèce de chenille, avec » sa chrysalide et son papillon, pour toute la classe » des chenilles. »

distingués, notamment par le philosophe Bonnet, comme *une des plus belles démonstrations, en fait, de l'existence de Dieu* (1).

(1) Ne voulant pas anticiper sur les brillants éloges des Cuvier, des Carus, des Lacordaire, des Tigny et des Flourens, éloges que nous avons placés en tête des *Mystères les plus remarquables du règne animal,* nous dirons seulement ici que ces auteurs distingués ont considéré le traité de Lyonet, comme un chef-d'œuvre.

ÉLOGES DES TRAITÉS

« Le traité de Malpighi sur le ver à soie n'est qu'un tissu de découvertes, où l'on peut prendre plus de connaissances sur l'admirable composition de l'intérieur des insectes, que dans tous les ouvrages ensemble qui l'avaient précédé. »

(Mémoires de Réaumur.)

« Après avoir donné l'histoire abrégée de la chenille, Lyonet indique toutes les parties extérieures que l'œil y aperçoit sans le secours d'aucun verre, il entre dans un détail fort étendu sur chacune de ces mêmes parties, il les décrit et les représente telles qu'elles paraissent vues à la loupe ou au microscope ; il passe ensuite à l'intérieur de la chenille, terminant son ouvrage par l'examen de la tête, dont toutes les parties sont aussi exposées et dessinées avec le plus grand soin, et la plus grande exactitude. Nous ne suivrons pas ce laborieux naturaliste dans ces dissections ingénieuses ; il ne nous est pas possible de présenter ici tout ce qu'il a vu dans la chenille, de donner le calcul des muscles, des nerfs, des bronches, etc., qu'il poursuit jusque dans les dernières divisions. Toutes ces parties, dont le nombre étonne l'imagination même, ont été cependant décrites, dessinées et gravées par l'auteur même. Ses planches, au nombre de dix-huit, sont admirables (1), nous n'en connaissons pas qu'on puisse mettre au-dessus, et peut-être même à côté, pour la correction du dessin, la force du burin, la beauté et la netteté des gravures. Quant à l'exactitude des descriptions, nous osons assurer qu'elles ne le cèdent pas à celles qu'a données des différentes parties du corps humain, le célèbre M. Winslow. La petitesse des objets que M. Lyonet avait à examiner, et dont il n'a pu donner ses belles figures sans le secours du microscope, pourrait peut-être jeter quelque doute sur la fidélité de ses descriptions, et faire regarder son anatomie, comme le fruit de son imagination ; mais ces doutes seront aisément levés, si l'on fait réflexion (c'est M. Lyonet qui s'exprime ainsi) « Qu'il » faudrait avoir un génie beaucoup plus créateur que » ne l'ont ceux qui s'arrogent si hardiment ce fas- » tueux titre, pour pouvoir imaginer un système » anatomique nouveau, aussi étendu et détaillé que » celui que je donne, et dont toutes les parties » eussent une liaison aussi étroite les unes avec les » autres. »   (*Journal des savants.*)

(1) Nous devons dire que MM. A. Linden et Fourche, jeunes artistes, ont reproduit, avec la plus grande fidélité, les planches que nous leur avons confiées.

AVERTISSEMENT.

Nous devons prévenir qu'il nous arrivera quelquefois, lorsque nous analyserons une partie du
corps, ou un organe important, de faire ressortir
auparavant sa dimension approximative, afin que
le lecteur ait toujours devant les yeux l'incompréhensible ténuité de chacune des pièces qui
entrent dans la composition de l'organe, ou de la
partie de l'insecte que nous examinerons ; mais
cela ne nous empêchera pas, dans la plupart de
nos explorations, de nous exprimer comme si
les objets étaient volumineux, comme si l'on
pouvait, pour ainsi dire, en parcourir tous les
contours, les sonder, enfin les voir tous distinctement les uns des autres. En suivant cette
marche, les lecteurs de tous les âges, soit qu'ils
aient quelque notion d'histoire naturelle, soit
qu'ils n'en possèdent aucune (1), pourront, sans
contention d'esprit, prendre connaissance de

(1) Les personnes qui n'auraient même que très-peu de
temps à consacrer à cette étude, pourront, pour le moment, jeter un coup-d'œil sur les explications des figures,
qui sont placées à la fin du volume, ainsi que sur l'*Atlas*.
Cet examen préliminaire suffira pour leur donner une
idée de la merveilleuse organisation du ver à soie.

travaux scientifiques, et nous suivre, à l'aide des planches, comme s'il s'agissait de la lecture la plus simple.

Nous donnons, à la suite du traité sur l'existence de Dieu, etc., un article sur la découverte de la soie, l'introduction du ver à soie en Europe et les procédés les plus généralement admis sur l'éducation de ces vers précieux. Nous avons ajouté aussi dans la seconde partie de ce volume, un grand nombre d'observations remarquables sur l'industrie, les mœurs et l'organisation de différents insectes, afin de donner une idée de l'intérêt que doivent offrir les nombreuses observations consignées dans nos *Mystères du règne animal,* ouvrage que nous devons publier incessamment en deux volumes, avec un bel atlas renfermant un grand nombre de figures. Cette publication contiendra, dans la première partie du premier volume, un abrégé de l'inimitable traité de Lyonet. Un petit nombre d'exemplaires de cet abrégé, qui est accompagné de notes, de réflexions et des beaux éloges qu'en ont faits les Cuvier, les Bonnet, les Carus, les Lacordaire, les Flourens, etc., sera aussi publié à part, sous le titre de *Dieu, la Chenille* et *le Ver à soie, considérés comme deux merveilles de la création, etc.*

TÊTE DU VER A SOIE (1).

La tête du ver à soie étant la partie de cet insecte la plus curieuse à analyser, tant par le nombre de pièces qu'elle renferme que par leur admirable arrangement et l'importance de leurs fonctions, nous allons commencer par elle l'étude de cette chenille qui est une des merveilles du règne animal. Nous ferons le dénombrement de tous les ressorts qui lui donnent la vie, et nous les examinerons sous leurs différentes faces, afin de faire admirer, autant que cela sera en notre pouvoir, la perfection de leur mécanisme.

Quand le lecteur sera arrivé avec nous à la fin de cet examen, nous avons l'intime convic-

(1) Pour que nos lecteurs apprécient bien tout ce que cette étude offre de surprenant, nous les prions instamment, pendant qu'ils s'y livreront, de se représenter, par la pensée, la petitesse de la tête d'un ver à soie et celle de certaines chenilles encore plus petites.

tion qu'il reconnaîtra qu'aucune création ne peut inculquer plus profondément dans l'esprit la croyance d'un **Dieu**, et lui donner une plus haute idée *de ce Dieu* et de sa toute-puissance.

Supposons que les écailles pariétales et l'écaille frontale, qui forment le crâne de notre tête de chenille, soient enlevées, et pénétrons dans son intérieur pour scruter, jusque dans ses réduits les plus secrets, cette espèce de labyrinthe que l'on avait cru inextricable jusqu'aux travaux célèbres de **Malpighi**, et surtout de **Lyonet**.

Nous voyons d'abord sur la face inférieure de la tête les 22 muscles abducteurs des mâchoires (11 de chaque côté). Voulant connaître ensuite comment il a été possible d'attacher un si grand nombre de muscles à la base de mâchoires occupant un si petit espace dans une tête qui, chez certaines chenilles naissantes, ne dépasse pas le volume d'un grain de sable, nous en avons soulevé plusieurs, et ce n'est pas sans une vive surprise que nous avons appris par quels moyens ingénieux le sublime architecte était parvenu à fixer ces muscles, de manière à ce qu'ils eussent

le plus de force possible pour ouvrir ces mâchoires : l'auteur de la nature, pour présenter
une plus grande surface aux attaches des muscles,
et, en même temps, pour les en éloigner, et,
par conséquent, augmenter leur action, a attaché
aux deux extrémités de la base de chaque mâchoire plusieurs lames solides (1), et les a oppo-
sées aux points d'appui sur lesquels elles agissent.

Puisqu'il faut aux chenilles une très-grande
force pour dépécer les végétaux qui servent à
leur nourriture, nous avons dû penser qu'il y
avait nécessairement d'autres muscles plus nombreux, destinés à fermer les mâchoires ; pour
nous en convaincre, nous avons enlevé la première couche de muscles, et tous ceux qui ne

(1) V. pl. I*, fig. 3, une mâchoire avec ces lames
extrêmement grossies, et pl. V, fig. 1, les 11 muscles
abducteurs du côté droit, qui concourent à faire ouvrir les
mâchoires, attachés d'un côté des points d'appui à une de
ces lames ; plusieurs muscles du côté gauche ont été enlevés
pour faire voir la lame adductrice de la mâchoire à laquelle
quatre sont attachés.

* Les planches qui ont la marque T. 1, servent à l'explication du texte
compris dans le premier titre du volume, et celles qui portent la marque T. 2,
à l'explication du texte compris dans le second titre.

3*

tenaient pas aux lames abductrices des mâchoires. Ici, nous devons en faire l'aveu, ce n'est plus de la surprise que nous avons éprouvée ; c'est un sentiment indéfinissable d'admiration pour l'auteur de pareilles merveilles : plus de 120 muscles adducteurs se sont offerts à nos regards, et nous avons trouvé toutes leurs attaches sur les contours de plusieurs lames adductrices conformées et placées (ainsi que cette prodigieuse quantité de muscles) (1), de manière à obtenir le plus de force possible, quand les chenilles ferment leurs mâchoires ; et ce qui nous a le plus émerveillé, c'est que, dans toutes ces dispositions, les lois de la plus savante mécanique ont été fidèlement suivies. Bien qu'il ne s'agisse pas ici d'objets d'une grande dimension, mais au contraire de parties d'une petitesse inconcevable à nos sens (ce qui présentait de bien plus grandes difficultés pour les organiser), toutes ces parties sont admirables par la justesse de leurs proportions et la symétrie de leur arrangement ; enfin, tout y est fait dans la perfection. On est forcé

(1) Le nombre total des muscles de la tête s'élève à 228 !

de reconnaître, en les contemplant, qu'un Dieu seul peut être l'auteur de pareilles œuvres.

Retournons maintenant sur nos pas et énumérons approximativement les trachées (vaisseaux aérifères) (1) qui viennent apporter la vie à tous les muscles. Arrivés où nous en sommes de l'étude de la tête de notre ver à soie, certains de nos lecteurs, pensant que les deux cent vingt-huit muscles doivent remplir toutes les plus petites cavités de cette tête d'un diamètre souvent presque inappréciable, sont sans doute persuadés qu'il est maintenant impossible d'y trouver aucune place qui puisse contenir le plus petit organe; nous allons les tirer de cette erreur, car nous avons à leur présenter des objets plus étonnants encore que les muscles. Ce sont des parties qui n'ont plus cet air de force, de solidité, que présentent les muscles, lorsqu'on les a fait

(1) Voir pl. **VI**, fig. 5, une trachée extrêmement grossie. Voir pour l'organisation si ingénieuse de ces vaisseaux, l'observation qui est à l'article hanneton de ce volume, et la page 68 du premier volume de nos *Mystères du règne animal.*

séjourner quelque temps dans l'alcool ; ce sont des vaisseaux d'une excessive ténuité, et remplis d'air jusque dans leurs ramifications les plus déliées. La finesse capillaire de la plupart d'entre eux, jointe à leur surprenante organisation, nous semblerait incroyable, si elle n'avait pas été confirmée un grand nombre de fois par des hommes d'un talent incontestable.

Ne voulant pas faire un cours d'anatomie complet, nous ne retournerons pas à chaque couche de muscles, pour signaler les trachées qui pénètrent chacun d'eux, nous nous contenterons d'observer que tous les muscles reçoivent un ou plusieurs filets de trachées ; que Lyonet a décrit quatre principales tiges nommées *céphaliques*, et qui donnent naissance à un grand nombre de branches, se divisant en plusieurs centaines de ramifications (1).

Maintenant, qu'il nous soit permis d'en faire l'aveu, nous n'éprouvons qu'une crainte, c'est que de jeunes lecteurs, peu versés dans les

(1) Voir pl. V, fig. 1, les tiges principales des trachées qui sillonnent la tête en tout sens.

sciences naturelles et trouvant tous ces détails peu vraisemblables, n'éprouvent quelque répugnance à nous suivre dans l'analyse de toutes les autres parties que nous avons encore à observer dans la tête du ver à soie.

Qu'ils veulent bien se rassurer ; ils pourront, quand ils le voudront, munis de bons microscopes, non pas voir tout ce qu'ont vu Malpighi, Réaumur, de Géer et surtout Lyonet ; car il fallut à ce dernier des années entières pour faire une anatomie parfaite de la chenille ; mais ils pourront faire comme nous avons fait nous-mêmes, observer quelques pièces, avec une minutieuse attention, et nous sommes convaincus que l'identité des parties qui composent ces pièces avec celles dessinées par Lyonet, suffira pour avoir une preuve sans réplique de la fidélité de toutes les observations de ce savant.

Nous voici arrivés aux NERFS (1). — Pour

(1) Les nerfs des chenilles sont très-forts, à proportion de leur peu d'épaisseur ; ils prêtent extrêmement, et retournent à leur premier état aussitôt qu'on cesse de les étendre. Ils sont naturellement d'un gris bleuâtre, et ont

suivre toutes leurs ramifications, il faudrait parcourir les mêmes routes que celles que parcourent
les trachées ; car tous les muscles en reçoivent au
moins un et plus souvent deux ou trois. Tous
les nerfs de la tête tirent leur origine du ganglion de la tête et du premier ganglion du
cou, qui tient immédiatement au second, et
n'en est distingué que par un étranglement peu
enfoncé (1).

A présent que nous avons examiné les organes du mouvement, de la respiration et du
sentiment, organes qui sont indispensables pour
donner la vie aux mâchoires, aux yeux, à la
filière, aux gros et aux petits barbillons, aux
antennes, etc., nous allons disséquer ces parties
une à une. Nous commencerons par la plus
importante, la filière, dont la savante structure
va nous causer de nouvelles surprises. Tout en

quelque transparence ; mais, quand ils ont trempé dans
de l'alcool, ils deviennent très-blancs et opaques. Ces
nerfs ont deux tuniques ; la tunique intérieure renferme
une substance qui tient lieu de cerveau et de moelle
épinière (Voir pl. VI, fig. 6).

(1) Voir pl. VI, fig. 1.

cherchant à éviter d'être trop longs dans nos explications, dans la seule crainte de fatiguer l'attention de certains lecteurs, nous ne laisserons rien échapper de ce que cet organe remarquable renferme; ce sera pour nous une nouvelle occasion de prouver que les plus petits organes, qui semblent être des corps fort simples, lorsqu'on les voit extérieurement, sont d'une complication surprenante, quand un habile anatomiste, armé de son scalpel, sonde leur intérieur mystérieux. Cette admirable filière va nous en donner encore un exemple frappant.

La filière (1) qui se trouve placée entre les gros barbillons surmontés d'une épine, est incontestablement l'objet le plus curieux à observer dans le ver à soie, non-seulement à cause de sa surprenante organisation, mais encore à cause du riche produit qu'elle sécrète en grande abondance. Si nous la mettons à découvert, en enlevant la partie de la lèvre inférieure qui la cache, nous apercevons d'abord

(1) Voir pl. V, fig. 1.

deux énormes muscles (1) pyramidaux de chaque côté, qui s'attachent à une pièce écailleuse : les vaisseaux soyeux s'ouvrent dans cette pièce d'un côté, et elle se termine de l'autre par un petit canal écailleux.

Il paraît certain que cette pièce écailleuse sert, à l'aide des muscles dont nous venons de parler, de pompe pour attirer la matière soyeuse que renferment les vaisseaux soyeux, et qu'elle fait l'office de seringue pour la faire sortir au dehors, ce qui s'explique très-bien, en supposant au vaisseau soyeux et au petit canal, à chacun une valvule, dont celle du vaisseau soyeux se ferme, et l'autre s'ouvre, quand la pièce écailleuse rapproche ses branches, pour pousser la matière soyeuse au dehors, et dont celle du vaisseau soyeux s'ouvre, et l'autre se ferme,

(1) *Ces énormes muscles* sont (comme on doit le penser, d'après le peu d'espace qu'occupe la filière) d'une petitesse excessive : le mot *énorme* n'a donc qu'une valeur relative, ainsi que les mots *grands, longs, etc.*, que nous employons quelquefois. Voyez pour suivre toutes les explications données sur la filière, la planche I, figures 5, 6, 7, 8, 9 et 12.

quand cette pièce écarte ses branches pour pomper. Les explications données jusqu'ici sur cette admirable filière, seraient bien incomplètes, si nous ne faisions remarquer que le tuyau soyeux remplit toutes les conditions les plus favorables pour filer : il est flexible et élastique, se remue en tout sens sur la filière, de même que la filière le fait sur sa base, ce qui rend ce tuyau d'une agilité surprenante. Son extrémité est percée d'une ouverture oblique, taillée comme une plume à écrire, mais avec moins d'obliquité, et sans pointe, ainsi qu'on peut le voir par la planche I, figure 9, S ; cette ouverture est du côté de la ligne inférieure, ce qui fait que, dans la situation inclinée où se trouve naturellement la filière, son orifice est tournée vers les corps sur lesquels le ver à soie est posé, et peut aisément s'y appliquer ; d'où il résulte que, quand le ver à soie a fait monter la matière soyeuse jusqu'à son orifice, à l'aide de l'ingénieux mécanisme dont nous avons parlé tout à l'heure, il n'a qu'à appliquer la filière sur ces corps, pour y coller cette matière, et être

en état de tirer un fil : ce qui serait plus difficile,
si l'ouverture était perpendiculaire au tuyau
soyeux ou tournée vers quelqu'autre partie que
vers la ligne inférieure ; parce qu'alors l'épaisseur
du bord du tuyau, qui se trouverait entre ces
corps et la matière soyeuse, s'opposerait à
l'application immédiate de la matière soyeuse
sur ces corps.

D'après la description que nous venons de
faire de la filière du ver à soie, les personnes
peu familiarisées avec cette sorte d'étude philosophique, si différente d'une étude purement
élémentaire, sont déjà convaincues, nous aimons
à le croire, que c'est surtout dans les plus petits
organes que l'on reconnaît le cachet de la
Divinité. Plus on les observe de près, plus on
s'aperçoit qu'il est impossible, avec les seuls
moyens qui sont en notre pouvoir, de pénétrer
dans tous leurs ressorts les plus cachés, tant ils
sont compliqués.

Les gros barbillons (1). — Voici encore des
organes qui méritent toute notre attention ; ils

(1) Voir pl. V, fig. I.

sont placés à droite et à gauche de la filière, chacun sur sa propre base. La partie que l'on aperçoit est composée de deux tuyaux courts, dont le second rentre dans le premier, et le premier dans la base. Tous deux ont leur partie extérieure membraneuse, l'autre est écailleuse ; mais seulement les deux tiers du tuyau et le reste du côté opposé est membraneux. Du premier tuyau s'élève une épine conique. On voit au côté membraneux du second tuyau deux lames écailleuses qui chacune ont la forme d'une lame de couteau différemment façonnée, chacune est implantée dans un anneau écailleux. Sur ce second tuyau s'élèvent deux autres tuyaux plus courts, membraneux par le haut, écailleux par le bas, et placés à côté l'un de l'autre. Celui des deux qui est le plus éloigné de la ligne inférieure, porte un tuyau encore plus délié, qui paraît terminé par une membrane arrondie ; l'autre porte une aigrette de trois cônes écailleux, extrèmement petits. Les différents tuyaux, dont chaque barbillon est composé, forment non-seulement autant d'articulations mobiles en tout sens, mais fournissent encore au ver à soie le moyen de raccourcir ses barbillons, autant que bon lui semble, jusqu'au point de les faire entièrement disparaître, en faisant rentrer tous ces tuyaux les uns dans les autres, et le dernier dans la base du barbillon.

Comme **Dieu** ne fait rien en vain, une aussi grande agilité et une aussi grande complication dans l'organisation de corps aussi petits, devaient nous faire supposer que ces organes étaient très-utiles au ver à soie; c'est ce qui est en effet; car cet insecte se sert de ses barbillons comme de mains pour manger et filer. Dans ces deux cas, on les voit continuellement en action, et l'on conçoit que placés, comme ils sont, à l'ouverture de la bouche, et en même temps tout près de la filière, ils sont très-propres, d'un côté, à retenir et à porter sous la dent les morceaux qu'il mâche; et, de l'autre, à conduire le fil de sa filière pour construire sa coque, à taper, à ranger ce fil, à sentir les endroits où il manque, à trouver les endroits les plus propres à le faire tenir et à remplir d'autres fonctions de cette nature.

LA BOUCHE DU VER A SOIE. De l'assemblage des deux mâchoires et des deux lèvres résulte un tout, dont les côtés extérieurs et intérieurs forment la bouche externe et interne de cette chenille. La nature n'a point donné de langue à cet insecte; mais le dessus de la lèvre inférieure, par son épaisseur et par son extrême mobilité, supplée à ce défaut dans la manducation. C'est ce qui a déterminé plusieurs naturalistes à donner à cette partie le nom de *langue*. Cette espèce de langue est entourée d'un rebord tout hérissé d'épines : ce rebord paraît propre, non-seulement à retenir les aliments sur la langue, et empêcher, pendant qu'elle se meut, qu'ils ne tombent à droite et à gauche entre les mâchoires; mais encore, quand ils y sont tombés, à les ramener sur la langue ou entre les dents.

Pour abréger, nous ne nommerons les parties les moins importantes de la tête que pour mémoire; ce sont : les écailles zygomatiques, les apophyses zygomatiques, les écailles bisangulaires, les antennes, les petits barbillons de la filière et la porte.

2*

Nous avons réservé les yeux pour la fin de cet article. Les chenilles ont six yeux simples de chaque côté de la tête (1); mais comme les yeux composés des papillons (2) sont peut-être ce qu'il y a de plus extraordinaire dans la tête, et qu'ils sont à l'état de germe dans les chenilles, nous allons donner une idée de ces curieux organes. La phalène qui provient de la chenille du saule en a 11 300; on peut évaluer hardiment à ce chiffre ceux du ver à soie; dans certaines espèces de papillons, ils sont au nombre de plus de 30 000 : chaque œil est composé d'un filet de nerf optique (3) terminé par un bulbe ou globe simple (4); d'une choroïde propre de ces derniers (5); d'un cristallin (6); de sorte que les deux yeux composés de certains papillons renferment plus de 100 000 parties (7)

Maintenant que nous avons terminé la des-

(1) V. pl. I, fig. 4, et le texte qui y est joint.
(2) V. pl. V, fig. 4 et 5.   (3) *Idem*, fig. 5, *f*, *f*.
(4) V. pl. V, fig. 5, 3. (5) *Id.* fig. 5, 2. (6) *Id.* fig. 5, 1.
(7) Le 1er vol. de nos *Mystères du règne animal* renferme, sur ce sujet rempli d'intérêt, des détails très-curieux. (V. page 145 et suivantes.)

cription de cette tête de ver à soie qui, à la naissance de cet insecte, est à peine de la grosseur d'une tête d'épingle, et qui, chez les chenilles les plus grosses, ne dépasse pas le volume d'un pois, nous sera-t-il permis de demander à nos lecteurs quelles sont les impressions qu'ils ont ressenties? N'ont-ils pas été tous frappés de la régularité de l'ordonnance qui règne dans les parties les moins importantes? Et quelles que soient la multitude et la variété des détails, n'ont-ils pas compris qu'une grande unité de pensée se révèle dans tout cet ensemble merveilleux? La savante disposition de 228 muscles de la tête (1); la manière dont se multiplient les innombrables

(1) Noublions pas que chacun de ces muscles, déjà d'une petitesse inappréciable à nos sens, est revêtu d'une membrane; qu'il est formé de bandes parallèles; que chaque bande est formée de faisceaux de fibres; que chaque fibre est articulée et possède une membrane particulière. (Voir pl. II, fig. 2). On peut aussi consulter, page 50 du premier volume de nos *Mystères du règne animal,* une note dans laquelle nous avons rapporté l'opinion émise par M. Straus Durckeim, dans son excellent ouvrage couronné par l'Institut, pour expliquer le mystère de la contraction musculaire.

ramifications des nerfs et celles des trachées aérifères ; cette filière si petite et si compliquée ;
cette prodigieuse quantité d'yeux qui existent à
l'état d'embryon et qui se développent dans le
papillon ; jusqu'à ces barbillons que l'on remarque à peine et dont les mouvements si agiles et
si divers sont dus à une structure des plus ingénieuses ; enfin, les autres parties que nous
n'avons fait que nommer ; toutes ces merveilles
n'annoncent-elles pas qu'elles ne peuvent être
que des créations d'un être extrèmement puissant ? Nous ne craignons pas d'avouer que toutes
les fois que nous nous sommes livrés à l'analyse
de la tête de la chenille, nous avons fait tous
nos efforts pour nous représenter, par la pensée,
ce magnifique tableau assez développé pour en
distinguer toutes les parties qui le composent ;
car c'est un des plus beaux spectacles dont
puisse jouir un observateur des merveilles de
la nature.

LE CANAL ALIMENTAIRE

OU TUBE DIGESTIF (1).

Après avoir dévoilé les mystères de la tête, nous allons faire connaître ceux du canal alimentaire, qui ne sont pas moins dignes d'intérêt. L'organisation de ce canal est si merveilleuse et si compliquée que, malgré la savante anatomie que Lyonet nous a laissée et que nous suivons ici, le lecteur sentira qu'il est encore des ressorts nombreux qui ont dû échapper au scalpel de cet infatigable anatomiste.

Ce canal est continu et descend en droite ligne de la bouche jusques près de l'anus ; il a la singulière propriété de s'allonger et de se raccourcir à proportion que la chenille s'étend ou se contracte. On le divise en plusieurs parties; savoir :

L'OESOPHAGE. — L'œsophage descend depuis le fond de la bouche jusqu'assez près de la

(1) V. pl. IV, CA, CA. Pl. V, fig. 2, et pl. VI, fig. 2, 3 et 4.

quatrième division (1). Sa partie antérieure, qui est dans la tête, est charnue, étroite, et attachée par divers muscles aux écailes, que l'on nomme *la traverse et les montants de la porte.* Sa partie postérieure s'élargit en entrant dans le corps, et forme une espèce de sac membraneux sur lequel rampent, en tout sens, une grande quantité de petits muscles. Près de l'estomac il se resserre, et est entouré d'un large sphincter capable d'intercepter sa communication avec le ventricule. L'œsophage est comme bridé, dans toute sa longueur, par un grand nerf qui y tient par intervalles, et qui se partage en trois sur ce sphincter : on le nomme *bride de l'œsophage.*

Il est à remarquer que l'extrémité de l'œsophage où se trouve l'estomac, est conformée de manière à ce qu'elle fasse l'office de valvule, pour empêcher que les aliments n'y remontent du ventricule ; et que la tunique intérieure de l'estomac est garnie de capsules remplies, en

(1) V. pl. IV, n° 2. — Pl. V et VI, fig. 2.
On partage la chenille en douze divisions ou anneaux ; on peut les compter sur la fig. 3 de la pl. V.

partie, d'une matière opaque, blanchâtre : ces capsules fournissent un mucus propre à faire glisser les aliments par l'estomac dans le ventricule, et peut-être encore un suc qui concourt à la digestion.

Le Ventricule. — Le ventricule commence un peu au-dessus de la quatrième division (1), où l'œsophage finit, et se termine à la dixième division. Il est pour le moins sept fois plus long qu'il n'est large, et sa capacité surpasse celle de l'œsophage et des gros intestins. Sa partie antérieure qui est large, est ordinairement pliée en courcaillet, et les plissures en diminuent avec son volume, à mesure qu'il approche des intestins.

Quantité de muscles longitudinaux et transversaux, dont une partie est vue en grand (2), rampent sur sa surface, et il est parsemé d'un très-grand nombre de bronches circulaires et de plusieurs nerfs ; il a, ainsi que l'œsophage, deux tuniques : l'extérieure et l'intérieure.

(1) V. pl. IV, n° 5. — Pl. VI, fig. 5.
(2) V. pl. II, fig. 4.

1er Gros intestin (1). — Il s'ouvre dans un large conduit, qui a environ un tiers d'anneau de longueur. La partie antérieure de cet intestin est presque aussi large que l'extrémité du ventricule ; mais la postérieure est sensiblement plus étroite ; elle est terminée par un sphincter capable d'intercepter, au besoin, la communication de cet intestin avec celui qui le suit ; ce viscère est également couvert d'un grand nombre de muscles : il en a de droits et de circulaires.

2e Gros intestin (2). — Ce vaisseau qui n'est guères moins gros et moins court que le précédent, et qui se termine par une enveloppe charnue de forme singulière, continue en droite ligne depuis le sphincter du premier intestin.

3e Gros intestin (3). — Cet intestin forme un canal de moitié plus étroit, qui a bien un anneau et demi de long, et qui se termine près de l'anus. Il est de forme hexaèdre comme celle des alvéoles des abeilles : les angles de ses six pans paraissent

(1) V. pl. IV, n° 4, et pl. VI, fig. 4.
(2) V. pl. IV, n° 5, et pl. VI, fig. 4.
(3) V. pl. IV, n° 6, et pl. VI, fig. 4.

munis chacun d'un muscle longitudinal ; ces pans sont garnis, d'un bout à l'autre, de muscles transversaux qui se terminent au bord des pans sur lesquels ils se trouvent. Ils sont extrêmement déliés et sont rangés à distances égales les uns des autres avec beaucoup d'ordre et de régularité.

Chacun de ces muscles transversaux reçoit de part et d'autre, à fort peu de distance de son extrémité, un très-petit muscle qui monte obliquement du bord de chaque pan. Tous ces muscles transversaux communiquent chacun avec celui qui le suit immédiatement, par quantité de petites attaches très-courtes et très-déliées (1).

INTESTINS GRÊLES (2). — Le deuxième des gros intestins produit, de part et d'autre, une suite de vaisseaux qui serpentent autour, et surtout autour des gros intestins : on les nomme *intestins grêles*.

(1) V. pl. II, fig. 3, trois muscles transversaux avec deux bouts de muscles droits auxquels ils tiennent, les petits muscles obliques qui les assujettissent et les petites attaches au nombre de 40 environ, pour chaque muscle transversal.

(2) V. pl. VI, fig. 4.

a   3

Le Sac fécal (1), dans lequel le troisième gros intestin vient se rendre, a trois tuniques; il présente une cavité assez spacieuse au bas de laquelle se trouve l'anus, couvert d'une valvule triangulaire: quand la chenille se vide, la valvule se lève.

Ici se termine l'aperçu que nous avions à donner de la structure intérieure et extérieure de l'œsophage, de l'estomac, du ventricule et des intestins. Nous avons dit qu'un grand nombre de muscles recouvraient tous ces vaisseaux. Les lecteurs qui ont quelques notions de physiologie comprendront que des muscles nombreux étaient indispensables pour les faire fonctionner; mais ils seront loin de deviner, nous en sommes certains, quel est le nombre de ces muscles; eh bien! qu'ils apprennent donc que Lyonet a trouvé, sur le canal alimentaire de la chenille du saule (le ver à soie a la plus grande analogie avec cette chenille), le chiffre incroyable de 2186 muscles! Il a constaté, en outre, que les gros intestins avaient leur intérieur garni de divers

(1) V. pl. IV, D, D, et pl. VI, fig. 4, L, L.

rangs de plissures , disposés de manière à pouvoir comprimer les aliments pour en exprimer le suc, lorsque les muscles des intestins se contractent à cet effet.

Cet infatigable anatomiste a découvert aussi que ces plissures changeaient d'ordre à trois reprises, formaient des rebords, pour servir de valvules et concourir à arrêter, au besoin, le passage des aliments d'un intestin à l'autre.

Ce savant a trouvé également que le premier gros intestin paraissait tapissé, dans son intérieur, de corpuscules durs, solides et pointus, destinés, il est probable, à diviser une seconde fois les aliments ; que la tunique extérieure des gros intestins était toute semée de caroncules glanduleuses de deux sortes ; il a présumé que c'était des réservoirs de mucus ou de synovie destinés, en se filtrant au travers de cette tunique intérieure, à remplir des fonctions pareilles à celles que remplit le mucus dans nos intestins.

Bien que nous n'ayons pas encore accompli la moitié de notre tâche, nous demanderons avec confiance à tous nos lecteurs si, maintenant, ils pourraient concevoir qu'il pût se rencontrer quelqu'un qui, après une lecture attentive des détails anatomiques que nous avons donnés, osât soutenir qu'il n'existe pas un être créateur doué d'une puissance immense. Si, contre notre attente, quelques personnes conservaient encore des doutes sur cette importante croyance, base de toute morale, il suffira, nous aimons à le croire, pour détruire leur scepticisme, de leur donner le chiffre approximatif des parties principales qui entrent dans la composition merveilleuse du tube alimentaire de la chenille (1) : 2186 muscles fonctionnant sur une échelle de quelques millimètres ; un troisième gros intestin qui, pour sa part, en possède 1800, et a en plus 20 à 24000 petites attaches pour fixer ses muscles les uns aux autres ; une infinité de plissures à l'intérieur des intestins, pour servir de valvules et empêcher les aliments de remonter ; une foule de corpuscules solides et

(1) En lisant cette espèce de résumé, il est essentiel, ainsi que nous l'avons déjà recommandé, de ne pas perdre de vue l'infinie petitesse de tous les objets qui figurent sur une aussi courte échelle.

pointus dans le premier intestin, pour dépecer, le plus possible, les aliments et faciliter leur digestion ; des glandes nombreuses à l'extérieur et servant à contenir une espèce de mucus dont l'usage est de les faire couler ! (1).

LES DEUX VAISSEAUX SOYEUX.

Nous avons déjà parlé de la filière ; le lecteur n'a sans doute pas oublié son ingénieuse et incroyable structure. Nous allons maintenant décrire les vaisseaux soyeux ; c'est un complément indispensable pour bien comprendre tout le mécanisme de cet organe dont une connaissance approfondie intéressera d'autant plus nos lecteurs que ces vaisseaux sont, ainsi que l'indique leur nom, les vases dans lesquels se forme cette soïe,

(1) Cette admirable organisation nous paraîtrait encore bien plus surprenante, si la nature avait donné à l'homme des yeux qui pussent pénétrer tous les secrets ressorts, qui mettent tant de parties en état d'exécuter leurs importantes fonctions ! O le célèbre Pline a émis une opinion bien vraie, quand il a écrit ces lignes : *Rerum natura nusquam magis, quam in minimis, tota est.*

3*

à laquelle la nature a donné trois qualités bien essentielles au ver à soie, et dont l'homme a su tirer une source de richesses qui alimentent de nombreuses populations. Ces trois qualités indispensables sont : de se sécher en un instant ; une fois desséchée, de ne plus pouvoir être ramollie par l'eau, ni par d'autres liquides, ni même par la chaleur. On conçoit que si une de ces qualités eût manqué, il eût été impossible à l'homme et au ver à soie de tirer parti de ce don de la nature.

Les vaisseaux soyeux (1) se partagent en trois parties : une partie antérieure, une intermédiaire et une partie postérieure. La partie antérieure est un canal qui, souvent, n'a pas même l'épaisseur d'un crin. Il commence à la filière, où il se trouve réuni avec son pareil ; après s'être séparés pendant une distance de la longueur environ de cette filière, ils se joignent ensuite, et on les trouve comme soudés ensemble ; puis ils se séparent encore une fois et restent séparés. L'un se dirigeant à droite et l'autre à

(1) V. pl. IV, fig. 1, G, G.

gauche, entre après de la tête dans le corps, et chacun va s'ouvrir au troisième anneau dans la partie intermédiaire qu'il précède. Cette partie intermédiaire est, à son origine, bien sept à huit fois plus épaisse que l'antérieure ; elle est naturellement entortillée comme on le voit dans la figure, et son épaisseur diminue insensiblement jusqu'à son autre extrémité. La partie postérieure, qui a son origine beaucoup plus mince que la précédente, se distingue, à certains sujets, par une marque de séparation, qui n'est guère sensible à d'autres. Elle va aussi en diminuant, et communique à son extrémité, par un filet assez sensible, à un plexus de fibres qui se répandent sur le premier gros intestin, sur les intestins grêles et dans le corps graisseux.

Les vaisseaux soyeux sont souvent plus longs que toute la chenille ; mais ils ne descendent que jusqu'à la dixième division à cause des différentes inflexions tortueuses qu'ils ont presque d'un bout à l'autre, et surtout à la partie intermédiaire. La nature, toujours conséquente avec elle-même, devait faire en sorte que la partie antérieure de vaisseaux soyeux, qui est toujours extrêmement déliée (1), pût reprendre sa forme, si la pression exercée par les muscles expirateurs ou les mouvements du ver à soie venaient à la comprimer, ce qui pouvait empêcher la matière soyeuse d'en sortir. Malgré l'extrême ténuité de cette partie, elle lui a donné trois tuniques dont la tunique intermédiaire est formée, ainsi que celle des trachées, d'un filet écailleux élastique, en ressort à boudin ; seul moyen, peut-être, de conserver le canal de la partie antérieure toujours ouvert (2).

Voici donc encore un de ces exemples si nombreux, qui prouvent que le sublime architecte a tout prévu quand il a créé les parties des insectes, que le moindre accident pouvait empêcher de fonctionner.

(1) On pourra avoir une juste idée de l'exiguité du canal de cette partie antérieure, quand on saura qu'il produit des fils de soie si fins, qu'une coque du poids de 1 décigramme est le résultat d'un fil qui a près de 60 mètres de long !

(2) V. pl. IV, fig. 6.

LES DEUX VAISSEAUX DISSOLVANTS.

Les réservoirs des vaisseaux dissolvants (1) descendent dans une direction presque parallèle à l'œsophage. Lyonet a trouvé ces vaisseaux dans la chenille du bois du saule ; il les a nommés dissolvants, parce qu'il a pensé qu'ils servent à préparer et contenir un suc, destiné à dissoudre le bois, dont cet insecte se nourrit. On y distingue trois parties, savoir : le cou, canal assez large qui, par une de ses extrémités, s'ouvre dans la bouche de la chenille, et, par l'autre, un peu au-delà de la première division, dans un vaisseau spacieux qui a la figure d'un boudin, et qui se termine ordinairement à la cinquième division ; il contient une liqueur huileuse, jaunâtre, d'une odeur forte. Lyonet l'a nommé le réservoir du vaisseau dissolvant. Ce réservoir finit par un vaisseau très-long et délié, qui serpente, en tout sens,

(1) V. pl. IV, fig. 1, E, E, et 7, un de ces vaisseaux couvert de trachées.

entre les lobes de l'étui graisseux, et se termine,
tantôt par une, tantôt par deux extrémités
aveugles, il se nomme la queue du vaisseau
dissolvant. Quelques observations sur ces vaisseaux dissolvants, vont nous prouver, encore
une fois, que, dès qu'un organe a été créé chez
les moindres insectes, la nature a pourvu à ce
que cet organe pût remplir ses fonctions avec
autant de facilité que s'il se fût agi des êtres
les plus importants de la création.

Nous avons dit que le cou du vaisseau dissolvant commençait dans la bouche ; nous devons
ajouter que la sage nature a creusé en gouttière,
l'extrémité antérieure du bord large de la grande
lame adductrice de la mâchoire pour que le
cou du vaisseau pût descendre le long de ce
bord qui y forme une des faces de la cavité de
ce cou, pendant qu'une membrane assez mince,
attachée latéralement aux deux côtés de ce bord,
en fait l'autre face. Cette ingénieuse disposition, une fois bien comprise, on voit facilement
que, le cou du vaisseau dissolvant étant ainsi
attaché à la lame adductrice, les mâchoires ne

peuvent agir, sans que le cou de chacun des vaisseaux ne subisse des tiraillements proportionnés à l'action de ces mâchoires, et qu'ainsi, quand la chenille ronge ou mâche le bois, ces parties doivent être dans un mouvement continuel, qui donne tout lieu de présumer, qu'il sert alors à pomper, hors du réservoir, le suc qu'il contient, pour le répandre dans la bouche.

Nous devons encore observer que la tunique intérieure des vaisseaux dissolvants est garnie d'un très-grand nombre de petits plis, que forme cette tunique; au moyen de ces petits plis, elle peut facilement se prêter, lorsque l'abondance de la liqueur du réservoir le demande (1).

(1) Il est à remarquer que le ver à soie et les autres chenilles, n'ayant pas besoin de vaisseaux dissolvants, n'en ont pas reçu de la nature; pour cette raison, nous pouvions nous dispenser d'en parler dans ce petit traité; mais la présence de ces vaisseaux, chez une seule espèce de chenille, qui avait besoin d'un suc particulier pour l'aider à dissoudre le bois qui devait lui servir d'aliment, est une preuve tellement irrécusable de la prévoyance divine, que nous avons cru devoir faire connaître leur belle organisation dans un ouvrage destiné à prouver l'existence de Dieu.

LE CORPS GRAISSEUX.

Le corps graisseux (1) est, de toutes les parties intérieures du ver à soie, la plus considérable par son volume. C'est la première, et en quelque sorte la seule, qui frappe la vue, quand on ouvre cet insecte. On voit d'abord que ce corps forme comme une espèce de fourreau, que l'on nomme l'étui graisseux, qui sert à envelopper et couvrir presque toutes les entrailles. On s'aperçoit de plus, en le suivant, qu'il s'introduit dans la tête, et entre tous les muscles du corps, et qu'il remplit la plupart des vides que les autres parties du ver à soie laissent entre elles. Sa couleur est d'un très-beau blanc de lait. Sa configuration tient un peu de celle de notre cerveau. Il est composé, en grande partie, d'huile pure, amoncelée par très-petites gouttes, telles à peu près qu'on en voit, plus en grand, dans les vaisseaux de la membrane cellulaire du corps humain.

(1) V. pl. IV, fig. 1, B, B.

Le corps graisseux, occupant une grande partie de l'intérieur du corps, déjà si petit, du ver à soie, rend encore la complication de son organisation plus incompréhensible, à cause du peu d'espace qu'il laisse à toutes les pièces dont nous avons déjà parlé, et à toutes celles dont nous allons nous occuper.

LE CŒUR.

Le cœur des chenilles (1) a une forme très-différente de celle des grands animaux, il est presque aussi long que tout l'insecte; c'est un canal qui, placé immédiatement sous la peau du dos, parcourt toute la ligne supérieure, entre dans la tête, et se termine assez près de la bouche; large et spacieux, vers les derniers anneaux du corps, il diminue à mesure qu'il approche de la tête; de manière qu'il n'y entre que sous la forme d'un vaisseau délié.

Ses ailes forment des espèces de losanges irréguliers que l'on peut voir sur la figure.

(1) V. pl. I, fig. 1, c, c.

a								4

Ce viscére n'a guère de rapport avec le cœur des grands animaux ; on n'y découvre aucun vaisseau, qui fasse l'office d'aorte, de veine cave, d'artère, de veines pulmonaires ; de sorte que les naturalistes ne sont pas d'accord sur son usage.

LES CORPS RÉNIFORMES (1). Ces corps sont placés sur le cœur, le long de son canal, ils ont la forme de deux masses blanches oblongues ; elles se terminent chacune par un vaisseau long et délié. On les nomme : *corps réniformes,* à cause de quelque rapport qu'ils ont, pour la figure, avec des rognons.

LES VAISSEAUX GRENUS sont nommés ainsi à cause de leur forme, ils sont placés sur la trachée-artère, vers le côté postérieur du premier stigmate.

(1) V. pl. I, fig. 1.

LES JAMBES DU VER A SOIE.

Ces jambes (1) qui, à la vue simple, ne nous paraissent que des points presque imperceptibles, vont encore nous dévoiler de nouvelles merveilles ; mais pour jouir de ce curieux spectacle, il faut les détacher, pour ainsi dire, pièce par pièce ; afin de connaître tous les ressorts qui les font agir, et toutes les parties qui les composent ; nous supplions nos lecteurs de nous suivre dans les détails, un peu minutieux que nous allons leur donner, nous pouvons leur assurer d'avance qu'ils retireront de cette étude philosophique d'immenses avantages.

Le ver à soie possède huit paires de jambes, distinguées en antérieures, intermédiaires et postérieures.

Les Jambes antérieures. — Les six jambes antérieures sont composées chacune de cinq pièces mobiles (2), armées de quelques épines

(1) V. pl. V, fig. 3, *a*, *a*, *a*, *b*, *b*, *b*, *b*, *b*.
(2) V. pl. IV, fig. 2.

et articulées les unes sur les autres ; toutes ces pièces sont en partie écailleuses ; mais ce qui est à remarquer, c'est que chacune d'elles a une partie membraneuse, à l'aide de laquelle chaque pièce peut prendre les positions qui lui sont nécessaires. Chacune des jambes antérieures a 21 muscles (1), dont huit sont employés pour faire mouvoir l'ongle crochu ; ce qui fait pour les six jambes 126 muscles !

Les Jambes intermédiaires. — Ces quatre paires de jambes n'ont, dans leur forme, aucun rapport avec celles des précédentes. Elles sont incomparablement plus grosses que ces dernières ; elles sont plus courtes ; elles n'ont aucune articulation distincte ; elles ne se terminent pas en pointe, et elles n'ont rien d'écailleux, sinon les crochets qui forment une couronne autour de la plante du pied (2).

La partie la plus remarquable de cette jambe est l'intérieure, celle que l'on nomme *la plante*. Le ver à soie peut l'ouvrir et la fermer à sa

(1) V. pl. IV, fig. 3.
(2) V. pl. IV, fig. 5, et pl. I, fig. 10.

volonté, au moyen de muscles disposés à cet effet. Quand la plante est ouverte, les crochets, dont elle est environnée, paraissent à distances. égales les uns des autres, et forment une couronne bien alignée tout autour du pied (1); ils sont alors dressés, et toutes leurs pointes recourbées sont tournées en dehors, et en situation de pouvoir s'accrocher et se tenir aux corps qui les environnent. Ce qu'il y a de plus remarquable dans ces jambes, à peine visibles chez de jeunes chenilles, c'est que non-seulement elles ont un grand nombre de crochets (2), mais encore ces crochets sont de grandeur différente, rangés alternativement, de façon qu'après un grand suit un petit, apparemment pour qu'ils puissent plus facilement saisir les corps. Outre cette particularité importante, ils sont constamment crochus par les deux bouts, et ils sont tellement arrêtés dans la peau qu'il est impos-

(1) V. pl. IV, fig. 5.
(2) Quatre-vingts à quatre-vingt-dix à chaque jambe, ce qui fait pour les huit jambes intermédiaires et les deux postérieures, environ huit cent à huit cent cinquante.

4 *

sible de les arracher sans les rompre, quoiqu'ils soient assez forts. Pour les fixer aussi solidement, le sublime architecte a environné et couvert, par devant, chacun d'eux d'une membrane transparente (1), mais très-forte, qui embrasse toute la moitié antérieure de leur largeur, y est adhérente, et permet, par sa souplesse, aux crochets de s'écarter et de se rapprocher les uns des autres. Ce qui fait que pour arracher le crochet, il faudrait en même temps déchirer cette membrane, c'est que non-seulement chacun d'eux la percent d'outre en outre, mais aussi ils tiennent par derrière à la peau même de la jambe, ce qui présente un nouvel obstacle aux efforts que l'on ferait pour arracher le crochet ; aussi voit-on des chenilles que l'on met plutôt en pièces que de leur faire lâcher ce qu'elles ont saisi.

Voici donc encore à ajouter aux nombreuses pièces que nous avons décrites, et cela dans quelques points d'une dimension inappréciable, au moins 800 crochets et 800 membranes : 1 600 pièces !

(1) V. pl. IV, fig. 4, et pl. I, fig. 11.

LES MUSCLES DU CORPS.

Nous allons voir reparaître, dans le corps du ver à soie, ce prodigieux appareil musculaire qui nous a tant émerveillé, quand nous nous sommes livrés à l'étude de la tête ; appareil si compliqué qu'il donne à certaines chenilles une si grande force musculaire, que l'on en voit qui restent des heures entières immobiles, dressées sur leurs seuls pieds de derrière, et que l'on a nommées pour cette raison *chenilles en bâton.*

La peau du corps du ver à soie est entièrement tapissée de muscles, par différentes couches, placées les unes au-dessous des autres, dans un arrangement très-symétrique, que l'on ne se lasse pas d'admirer (1).

On distingue trois ordres de muscles : 1° ceux qui se trouvent au dos de l'insecte ; on les nomme *muscles dorsaux ;* ils sont au nombre de 434 ; 2° ceux qui sont placés au ventre, et qui ont leurs insertions entre la ligne inférieure et les

(1) V. pl. I, fig. 1, et pl. II, fig. 1.

lignes latérales; on les nomme *muscles gastriques;* ils sont au nombre de 738; 3° ceux qui croisent la ligne latérale, ayant l'une de leurs insertions d'un côté de cette ligne, et l'autre de l'autre côté; on les nomme en général *muscles latéraux,* sans avoir égard aux endroits de leurs attaches; ils sont au nombre de 508.

Tous les muscles du corps réunis forment donc un total de 1521, en y comprenant 40 petits muscles appartenant au deuxième et au troisième anneau, et un muscle solitaire du dernier anneau !

SYSTÈME RESPIRATOIRE.

1° Les Stigmates. — Le ver à soie a, le long de la ligne latérale, dix-huit stigmates qui ne paraissent que comme autant de petites taches brunes elliptiques (1); regardées de plus près, on voit que ce sont de petites cavités assez profondes, dont les bords sont entourés d'un trait brun, et au fond desquelles on découvre une raie de la même couleur. Ces stigmates sont

(1) V. pl. V, fig. 3.

les organes par où l'air entre dans les trachées principales et sort au-dehors. Ils sont placés à droite et à gauche de chaque anneau, excepté du second, du troisième et du dernier. On doit bien s'attendre que, pour garantir ces importants organes dont la fonction est de laisser à l'air un passage pour circuler librement, la nature a pris de grandes précautions pour que, dans aucun cas, ils ne fussent obstrués par quelque corps étranger; mais les moyens qu'elle emploie pour conserver ses créations sont toujours si ingénieux et si parfaits, qu'il ne nous est pas toujours donné de pouvoir les deviner: nous allons entrer dans quelques détails à ce sujet. Ce trait brun dont nous avons parlé, qui paraît pulpeux et friable, et qui forme les bords des lèvres du stigmate, examiné avec un bon microscope, est une forêt très-touffue d'un grand nombre de petites tiges, presque contiguës, représentant chacune, en petit, l'extrémité d'une branche de sapin. Ces petites tiges paraissent de substance écailleuse; elles sont transparentes, et n'ont point de filets ou de feuilles du côté de leurs racines ; mais, un peu plus haut, elles commencent d'en avoir, et en approchant de leur extrémité, elles deviennent toujours de plus en plus barbues, tellement que leur bout forme un bouton opaque, au travers duquel la tige même n'est pas visible. C'est l'amas de tous ces boutons pressés les uns contre les autres, qui compóse cette large raie brune, que l'on nomme la *lèvre du stigmate*. L'usage de ces tiges barbues pressées les unes contre les autres, est d'empêcher que les corpuscules, dont l'air est chargé, n'entrent avec lui dans le corps du ver à soie. On comprend bien que l'air, avant de s'y introduire, venant à passer au travers de toutes ces barbes, comme par un tissu, y doit nécessairement déposer tous les corps étrangers qui pourraient évidemment obstruer les vaisseaux aérifères des chenilles qui sont, dans leurs dernières ramifications, d'une ténuité inappréciable à nos sens. Une seconde précaution a été prise, ça été de diriger la pointe de ces tiges barbues, en tout sens, vers l'orifice extérieur du stigmate ; cette direction étant la plus propre à empêcher l'entrée des corps étrangers et à en faciliter l'expulsion. Nous devons ajouter aux remarques précédentes que la chenille du saule a les lèvres de ses stigmates placées dans une profonde cavité, ce qui était nécessaire pour garantir les tiges barbues qui en forment les lèvres, du frottement nuisible où elles auraient été sans cesse exposées par les efforts que cette espèce de chenille est souvent obligée de faire pour se traîner dans les conduits étroits qu'elle se pratique dans les arbres (1).

2° Vaisseaux aérifères (Trachées) (2). Le ver à soie, ainsi que toutes les chenilles, a pour respirer, sur les côtés du corps, deux grands vaisseaux aérifères qui rampent sous la peau, à la hauteur des stigmates. Ces trachées principales communiquent avec l'air extérieur par le moyen

----

(1) Encore une de ces remarques qui peuvent sembler d'une faible importance à certains lecteurs, mais qui, selon nous, doivent être méditées par les esprits qui aiment à s'enquérir des moyens infiniment variés que la nature emploie, pour que chaque animal puisse vivre dans les lieux qui lui ont été affectés.

(2) V. pl. III, fig. 2, et pl. IV, A, A, A, A.

de ces stigmates décrits précédemment, pour conduire à tous les organes l'air qu'elles contiennent ; et aux environs de chaque stigmate, elles poussent un grand nombre de branches (1) dont la vue générale ressemble assez à un arbre d'argent. C'est un spectacle bien curieux que ces trachées ou plutôt ces canaux aériféres se distribuant dans toutes les parties du corps, pénétrant tous les viscères, s'insinuant dans tous les tissus, sous la forme de vaisseaux ramifiés à l'infini, et établissant une véritable circulation d'air au moyen de laquelle toutes les parties du corps reçoivent la vie.

L'infatigable Lyonet est parvenu à suivre 1 568 branches de ces vaisseaux aériféres (2) dans le corps d'une chenille, et il considère le travail qu'il a fait sur ces trachées, comme une espèce d'ébauche ; il avoue qu'elles sont si nombreuses et si déliées, qu'il est impossible à l'homme de les suivre dans toutes leurs ramifications.

(1) **V**. pl. **IV**, *t, t, t, t, t, t, t, t*.
(2) **V**. pl. **III**, fig. 2, une bonne partie de ces branches.

Cet habile naturaliste reconnaissant l'insuf-
fisance des moyens que l'homme a entre ses
mains pour achever un pareil travail, a cherché
seulement à le compléter sur quelques petites
parties de l'insecte; il a soumis à un excellent
microscope un morceau d'une des deux branches,
dans lesquelles le conduit de la moelle épinière
se fourche près des ganglions, il a vu distinctement un grand nombre de trachées qui en
tapissaient l'extérieur, puis beaucoup d'autres
qui le perçaient et en tapissaient le dessous,
et quoique ce morceau, qui naturellement n'est
pas plus gros qu'un crin, soit grossi extraor-
dinairement, il n'a pu voir encore tous les
vaisseaux qui lui transportaient l'air (1).

Ce savant a soumis aussi au même microscope
un ganglion de la grosseur d'un grain de sable (2),
et il l'a trouvé également couvert de nombreux
vaisseaux aérifères. On comprend que, quelque
effort d'imagination que l'on fasse pour avoir une
juste idée d'une telle organisation, on restera
toujours au-dessous de la vérité; car comment

(1) V. pl. VI, fig. 6. (2) *Idem*, fig. 7.

concevoir que l'on puisse placer dans un chétif ver à soie plusieurs milliers de ces vaisseaux (1) ; comment concevoir que les plus déliés qui sont d'une finesse inexprimable doivent être évidemment creux, puisque l'air doit y circuler, et qu'ils doivent avoir plusieurs tuniques, surtout cette tunique élastique, faite avec tant d'art, qui leur est nécessaire pour les maintenir toujours ouverts ? Ah ! payons un nouveau tribut d'admiration aux savants qui nous ont dévoilé ces mystères et à leur éternel auteur.

SYSTÈME NERVEUX.

LES NERFS (2). — Ils tirent leur origine de la moelle épinière, et surtout des ganglions qui tiennent lieu de cerveau à l'insecte. Les chenilles

(1) Le ganglion et le morceau d'une des deux branches, dans lesquelles le conduit de la moelle épinière se fourche près de chaque ganglion (**V. pl. VI**, fig. 6 et 7), laissent voir au moins 200 filets de trachées ; ce qui donne pour tous les ganglions réunis au conduit de la moelle épinière (**V. pl. III**, fig. 1) plus de 3 000 vaisseaux répandus sur un organe de quelques millimètres de longueur et de la grosseur d'un crin !

(2) **V. pl. III**, fig. 1.

ont en tout 92 nerfs (on voit que, sous ce rapport, elles sont encore mieux partagées que l'homme). Ces 92 nerfs n'étant, pour parler plus explicitement, que les troncs d'où dérivent tous les autres nerfs qui, se ramifiant par degrés, se répandent dans les diverses parties du corps, on aura une idée de l'admirable système nerveux du ver à soie, en se représentant un arbre immense dont les rameaux pénètrent toutes les parties intérieures les plus secrètes de l'insecte, pour y porter le sentiment.

Le nombre incroyable de pièces que renferme le ver à soie pouvant s'effacer de la mémoire de certains lecteurs, nous avons pensé qu'il serait utile de leur rappeler le chiffre approximatif de toutes ces parties (1).

(1) Nous devons prévenir que le chiffre réel pourrait sensiblement s'écarter (pour ce qui regarde les filets de nerfs et de trachées) de celui que nous donnons; mais des différences légères dans le nombre de pièces peu importantes ne changeront rien à l'idée que l'on pourrait avoir de cette sublime organisation. Au reste, le lecteur comprendra que, pour estimer le nombre de parties aussi déliées que le sont les dernières ramifications des nerfs et des trachées, il était impossible de le faire autrement qu'en procédant par induction, c'est-à-dire, en allant du connu à l'inconnu.

Chiffre approximatif des pièces que renferme le ver à soie.

Muscles (1)	4044
Nerfs avec leurs ramifications, au moins autant . . .	4044
Trachées (vaisseaux aérifères) que l'on peut suivre .	1568
Trachées trop déliées pour être suivies, pour le moins	4000
Crochets des jambes	800
Membranes pour ces crochets	800
Petites attaches qui joignent les muscles du 3ᵉ gros intestin	24000

Yeux à l'état de rudiments.

Cristallins (2)	14300
Filets de nerfs terminés par leurs bulbes ou globes simples	11300
Choroïdes de ces derniers	11300

Total 73450

(1) Sept fois plus que dans tout le corps de l'homme !

(2) Le nombre que nous avons adopté ici est celui qu'on a trouvé pour les yeux de la phalène que produit la chenille du saule ; cette phalène a beaucoup de rapport avec celle que produit le ver à soie ; mais nous devons faire observer que, chez certaines espèces de papillons, les yeux sont au nombre de 34650, ce qui fait, avec les filets de nerfs et les choroïdes, 103950 objets pour les yeux seuls. Ce nombre pourrait donc, en y ajoutant les autres parties d'une chenille de ces papillons, s'élever au chiffre énorme de 143200 objets fonctionnant dans un seul insecte ! C'est une réponse que nous aurions à faire, si quelques personnes nous taxaient d'exagération dans l'énumération que nous avons faite des pièces que renferme le ver à soie.

CONCLUSION.

Maintenant que le lecteur a, pour ainsi dire, compté et analysé avec nous tous les organes que possède le ver à soie, nous le prions de supposer, pour quelques instants, que sa vue soumise à l'action d'un agent puissant, acquière tout à coup une finesse, une pénétration et une puissance surnaturelles, et que, par suite de l'influence de cet agent sur la vue, cet organe soit surexcité au point d'apercevoir l'intérieur des corps assez distinctement (1) pour voir fonctionner toutes les pièces dont nous avons parlé dans le cours de cet ouvrage ; cette hypothèse une fois admise, nous lui demanderons s'il ne se croirait pas sous l'influence de quelque puissance magique ? S'il ne croirait pas que tout ce qu'il voit, dans un si petit espace, est une fiction ? Ah ! nous osons ici l'affirmer, parce que nous en avons l'intime conviction, l'anatomie de la chenille que Lyonet nous a laissée est l'ouvrage

(1) On comprend que c'est une simple supposition que nous faisons.

le plus extraordinaire qui ait jamais été fait en
ce genre, et en même temps le plus beau mo-
nument qui ait jamais été élevé à la gloire du
sublime auteur de la nature. Aussi, quand on
a lu et médité cette anatomie, on ne conçoit
plus d'objection possible contre l'existence et
la toute-puissance de Dieu; on sent que tous
les traités de métaphysique sur cette importante
question ne peuvent ajouter aucune preuve qui
soit plus convaincante. Cependant, nous devons
faire remarquer que, pour prouver la toute-
puissance de ce Dieu créateur, nous n'avons
eu besoin que de faire connaître les résultats
de l'analyse d'un seul insecte qui, bien qu'il
soit peut-être le plus curieux à observer, considéré isolément, n'est, si l'on envisage le peu
de place qu'il occupe dans l'échelle des corps
organisés, que comme un point imperceptible
perdu dans l'espace. Qu'il nous soit donc permis pour donner une idée aussi complète que
possible, de l'immense puissance créatrice qui
gouverne le monde, de rappeler au lecteur
qu'il existe au moins, tant sur terre que dans

la vaste étendue des mers, plus de deux millions d'espèces différentes d'êtres organisés, que ces deux millions d'êtres sont tous pourvus d'un organisme parfaitement approprié au genre de vie de chacun d'eux, qu'aucune pièce inutile n'a été placée, et qu'aucune pièce indispensable n'a été oubliée dans les innombrables rouages qui font mouvoir tous ces corps animés ; qu'indépendamment de cette organisation spéciale accordée à chaque espèce, les couleurs les plus ingénieusement combinées ont été distribuées à la plupart de ces êtres, sans doute afin que chaque jour, nos regards, étonnés de cette magnificence extérieure, qui nous donne déjà une si haute idée du peintre sublime, fussent excités davantage à étudier leur organisation merveilleuse.

Nous citerons, afin d'en donner une idée aux personnes pour lesquelles cette étude serait nouvelle, quelques animaux que la puissance créatrice a choisis de préférence pour les peindre avec son pinceau divin ; d'abord, parmi les poissons : ces brillants *coryphènes*, ornés des couleurs les plus variées, dont certaines espèces sont, pour ainsi dire, couvertes d'or et qui resplendissent de tous les feux du diamant et des pierres les plus précieuses ; les magnifiques *chétodons* qui sont parés des couleurs les plus vives et les plus agréables : l'or, l'argent, le rouge, le blanc, le beau noir, le blanc de lait, sont répandus avec éclat sur leur surface dans tous les sens ; les superbes *cyprins dorés* avec le dessus de leur tête rouge, les joues dorées, le dos parsemé de belles taches noires, les côtés d'un rouge mêlé d'orange, le ventre varié d'argent et de couleur de rose, et toutes les nageoires d'un beau rouge de carmin ; l'*holocentre sogo* qui brille de l'éclat de l'or, des diamants et des rubis ; les *labres* ornés de toutes les couleurs de l'arc-en-ciel, auxquels ont été prodiguées les nuances les plus variées, les tons les plus vifs : le feu du diamant, du rubis, de la topaze, de l'émeraude, du saphir, de l'améthyste, du grenat, scintille sur leurs écailles polies ; les *trigles* d'un rouge vif sur tout le corps, mêlé à des teintes argentées dans là partie inférieure ; enfin le *lutjan anthias*, paré de tous les tons que le rouge peut présenter depuis l'éclat du rubis jusqu'aux demiteintes du rose le plus tendre et les teintes de l'argent et de la topaze.

Nous ne rappellerons que pour mémoire ces myriades d'oiseaux si admirablement peints, en tête desquels nous plaçons les magnifiques *paons ;* les *oiseaux mouches*, ces bijoux de la nature ; les *colibris*, qui semblent aussi couverts de pierres précieuses ; et les superbes *oiseaux de paradis ;* cette multitude de coquillages à formes si gracieuses et ornés de couleurs si éclatantes, que l'on a cru devoir adopter les noms les plus pompeux pour désigner certains d'entre eux, tels que cône impérial, royal, *cedo nulli,* drap d'or, gloire de la mer ; mitre cardinale, papale ; porcelaine aurore, tigre ; olive porphyre, épiscopale ; harpe impériale, noble ; cythérée sans pareille, chaste ; vénus aile de papillon, belles lames ; trogue bouche d'argent, de Pharaon ; telline langue d'or, doigt d'aurore, etc. ; ces insectes coléoptères embellis des couleurs métalliques les plus éclatantes. Mais il semblerait que c'est principalement dans la famille des lépidoptères que Dieu a voulu nous montrer tout ce qu'il pouvait faire, avec son pinceau magique, trempé seulement dans les sept couleurs du prisme. Dans cette admirable famille de papillons, les couleurs ont été tellement nuancées, tellement harmoniées, qu'il serait possible (ce qui paraît incroyable, quand on songe qu'il y a déjà plus de 10000 espèces connues (1) et que du plus petit au plus grand papillon, il n'y a que quelques centimètres de différence), de distinguer par les couleurs seules toutes ces espèces les unes des autres, à l'aide d'une loupe.

Nous nous hâtons d'interrompre ces citations; car nous reconnaissons que, tant nombreuses qu'elles soient, elles ne peuvent que donner une bien faible idée de l'immense et magnifique panorama que chacun pourra contempler dans les excellents ouvrages des Buffon, des Lacépède,

(1) Des naturalistes pensent qu'il en existe au moins 20000!

des Cuvier, des Lamarck, des Lesson, des Latreille, etc., etc. (1).

(1) On comprend, dans le chiffre présumé de deux millions d'êtres organisés qui existeraient d'après le calcul de certains naturalistes, non-seulement les êtres qui sont connus, mais encore ceux que l'on suppose devoir exister.

M. de Candolle estime le nombre total des végétaux existant sur le globe, de 110 à 120000; 40000 environ resteraient à connaître.

Buffon, qui connaissait seulement quelques centaines de mammifères, pensait qu'il pouvait y en avoir au moins 2000; on en connaît maintenant environ 1500.

G. Cuvier, dans son grand ouvrage sur les poissons, continué par M. Valenciennes, très-habile dessinateur, a décrit 6000 poissons; il est probable qu'un très-grand nombre reste à découvrir. Lacépède n'en connaissait que 12 à 1300.

M. Duméril, F. Cuvier et Lacépède ont décrit au moins 3 à 4000 espèces de cétacés, quadrupèdes ovipares et reptiles.

M. Kirby et Spence, présument qu'il peut y avoir environ 400000 espèces d'insectes, dont près de 100000 sont connues.

L'innombrable tribu des mollusques et des zoophytes compléterait le chiffre de deux millions, adopté pour les êtres organisés qui seraient, tant sur terre que dans la mer.

De l'époque à laquelle la soie a été découverte,
de l'introduction des vers à soie en Europe,
et des moyens les plus généralement
employés pour les élever.

———

Les détails curieux que nous avons donnés
sur l'incroyable organisation des vers à soie,
ayant dû nécessairement exciter chez nos lecteurs
un vif désir de connaitre tout ce qui a rapport à
l'histoire de ces précieux insectes, nous pensons
qu'ils accueilleront favorablement cet article.

Quoiqu'ayant puisé dans les meilleures sour-
ces, pour ce qui concerne l'éducation des vers
à soie, nous n'avons pas la prétention de leur
donner un traité *ex professo ;* mais nous voulons
seulement leur faire connaitre les procédés les
plus généralement adoptés pour élever ces insectes, procédés qui peuvent varier, d'un éta-

a   6

blissement *séricicole* à l'autre, non pas pour le fond, mais dans quelques détails de peu d'importance.

Cette publication aura toujours pour résultat de donner une idée à peu près exacte d'une industrie qui acquiert tous les jours plus de développement, et une plus grande importance commerciale ; elle mettra aussi les personnes, qui désireraient suivre nos vers à soie pendant leurs utiles travaux, en position de pouvoir faire des essais, en petit, avec l'assurance de réussir, en modifiant toutefois, les procédés que nous publions, suivant le plus ou moins de développement qu'elles voudront donner à leurs tentatives : ce sont ces modifications que nous abandonnons à leur sagacité.

De la découverte de la soie en Chine.

Suivant une chronique chinoise, fort accréditée, la soie fut découverte par une femme de l'empereur, plus de 2000 ans avant Jésus-Christ (1).

(1) Certains auteurs prétendent que ce fut 2700 ans

Il y eut depuis, dans l'intérieur du palais impérial, un terrain spécialement destiné à la culture du mûrier blanc. L'impératrice suivie des dames de sa cour, y allait assez souvent avec une grande pompe, et cueillait elle-même quelques feuilles de mûrier (c'est-à-dire les feuilles de certaines branches que l'on avait l'attention de diriger vers elle) pour les *servir* aux vers à soie. Cette sage coutume, qui peut déjà donner une idée de l'importance que l'on attachait à la nouvelle industrie, encouragea tellement ceux qui commençaient à fabriquer des soieries, qu'en peu de temps, on vit les Chinois, qui n'étaient couverts que de peaux, habillés de soie.

De l'introduction des vers à soie en Europe.

Ce ne fut que vers le siècle d'Auguste que l'on vit à Rome des étoffes de soie ; mais leur prix était si exorbitant à cette époque, que les

avant notre ère ; au reste quelle que soit l'époque de cette précieuse découverte, il faut entendre, il est probable, l'époque à laquelle les propriétés de la soie ont été reconnues.

empereurs, malgré leur luxe effréné, s'abste-
naient de s'en vêtir (1). L'infâme Héliogabale
fut le premier qui porta une robe de soie, en
220. Sous l'empereur Justinien (sixième siècle),
le prix de la soie était encore extrêmement
élevé, elle venait de la Chine, apportée par
des Perses (2) qui profitaient, ou plutôt abu-
saient de leur monopole, pour se procurer des
bénéfices considérables. Vers cette époque, deux
religieux de la Perse, qui avaient fait un long
séjour en Chine, et avaient appris par quels
moyens on y élevait les vers à soie, et quels
procédés on suivait pour fabriquer leurs produits, vinrent trouver Justinien à Constantinople,
et lui révélèrent leur secret. Justinien, comme
s'il eût pressenti toute l'importance et tout le
développement que cette industrie pourrait acquérir avec le temps, les engagea, en leur
promettant de les récompenser largement, à

(1) La soie a valu dans le principe son poids d'or.
(2) Suivant le célèbre entomologiste Latreille, la ville
de Turfan, dans la petite Bucharie, fut longtemps le
rendez-vous des caravanes venant de l'ouest, et l'entrepôt
principal des soieries de la Chine.

retourner en Chine, et à lui rapporter de la graine (1) (des œufs) de ver à soie. Ces religieux se décidèrent à faire un second voyage, et, en l'an 555, apportèrent à l'empereur des œufs qu'ils avaient cachés avec soin dans un bâton creux : ils les firent éclore dans du fumier, et enseignèrent les moyens de nourrir les jeunes vers et de les multiplier. Bientôt, dans différentes provinces de l'empire grec, on s'occupa d'élever des vers à soie et principalement dans le Péloponèse.

Roger, premier roi de Sicile, ayant exercé de grands ravages dans la Céphalonie, à Athènes, et dans d'autres villes, alors renommées pour le travail de la soie, emmena à Palerme un grand nombre de leurs habitants. Ce fut à partir de cette époque, que l'art, si utile de fabriquer les soieries, se propagea graduellement de la Sicile en Italie; bientôt Venise, Milan, etc., furent citées pour leur manière d'élever les vers à soie, et leurs fabriques d'étoffes acquirent une certaine renommée.

(1) Nous employons le mot consacré par l'usage.

6*

Vers la fin du treizième siècle, les papes introduisirent et encouragèrent, dans le comtat d'Avignon, la culture du mûrier, l'art d'élever les précieux vers à soie, et l'établissement de quelques fabriques de soieries ; mais ce ne fut qu'en 1480, sous Louis XI, qu'un nombre assez considérable d'ouvriers de la Grèce et de l'Italie, établirent à Tours des fabriques. La célèbre industrie de Lyon, qui occupe maintenant tant de milliers de bras, ne date que de 1520, sous le règne de François I ; elle y fut encore importée par des ouvriers italiens, obligés de quitter leur pays à cause des guerres des Guelfes et des Gibelins.

On croit que l'Espagne a fabriqué des soieries avant la France ; car en 1478 et 1498, il existait dans ce pays des réglements, au sujet de la fabrication et de la vente des brocarts de soie. Il faut remonter jusqu'au règne de notre Henry IV, pour avoir l'époque à laquelle nos provinces méridionales commencèrent à se livrer à la culture du mûrier (1), et à l'édu-

(1) En 1564, un nommé Trancat, jardinier de Nimes,

cation des vers à soie ; mais ce ne fut que sous le ministère de Colbert, que l'industrie des soies prit un grand développement, développement qu'il faut attribuer surtout à une prime de vingt sols, accordée par ce ministre, pour chaque mûrier qui serait planté par un agriculteur.

Nous nous hâtons de terminer cet article, qui pourrait paraître un peu long à certaines personnes, en ajoutant seulement que de la France, l'industrie dont il s'agit, se répandit dans plusieurs autres états.

De l'éducation des vers à soie.

Lorsqu'on s'est procuré des œufs de ver à soie avant le printemps, il faut les conserver dans un lieu sec, dont la température soit environ de douze degrés. Si, en avril, les chaleurs commencent à se faire sentir, il est essentiel de ne pas y exposer les œufs, parce qu'ils écloraient avant le développement des feuilles

jeta les premiers fondements d'une pépinière de mûriers blancs qui, en peu d'années, couvrirent le midi de la France.

du mûrier, et les jeunes vers périraient, étant privés de nourriture (1).

Il est donc très-important de retarder le moment de l'éclosion, jusqu'à ce que les nouvelles pousses du mûrier commencent à paraître. C'est alors qu'il faut exposer les œufs à une chaleur que l'on élève graduellement jusqu'à vingt-quatre degrés (2) et que l'on entretient à ce terme pendant huit jours environ, époque à laquelle le ver éclos. On étend alors sur les œufs une feuille de papier percée d'un grand nombre de trous qui doivent avoir deux millimètres (une ligne) de diamètre, à travers

(1) Ce cas est tout-à-fait exceptionnel, lorsque ces insectes éclosent naturellement. La providence qui veille, avec tant de sollicitude, sur tous les êtres qu'elle a créés, même sur ceux qui nous paraissent nuisibles, nous donne encore une des preuves des plus manifestes de cette sollicitude, par la parfaite coïncidence de l'apparition de chaque espèce de chenille, avec celle du végétal dont elle doit se nourrir.

(2) On se sert ordinairement d'une petite étuve chauffée par une lampe à esprit de vin ; on peut aussi réunir ces œufs en nouets aplatis, du poids d'environ trente grammes, que des femmes suspendent à leur ceinture, et placent la nuit sous le chevet de leur lit.

lesquels les petits vers à soie passent promp-
tement pour atteindre les feuilles de mûrier
qu'on a placées sur les feuilles de papier. Ensuite
on porte, avec beaucoup de soin, dans un local
plus grand, ces feuilles chargées des petites
chenilles (1) sur une claie recouverte de papier
gris. Cette levée se fait deux fois le jour, et
toute la graine doit être éclose après trois ou
quatre jours.

La magnanerie (2) sera aérée, à l'abri de
l'humidité, du froid et d'une trop forte chaleur ;
on empêchera surtout qu'elle ne soit fréquentée
par les rats et autres animaux nuisibles ; pour
cinq hectogrammes d'œufs, la salle aura environ

(1) C'est à dessein que nous employons ce mot : les
vers à soie sont de véritables chenilles, et le nom de
ver qu'on leur donne est d'autant plus impropre que les
vers proprement dits n'appartiennent pas même à la même
classe d'animaux : les vers sont des zoophytes, et les
chenilles à soie des insectes.

(CUVIER, *Règne animal*, animaux articulés.)

(2) Ce mot, employé pour désigner l'édifice dans lequel
on élève les vers à soie, vient du substantif *magnan*,
nom que porte cet insecte dans tout le midi de la France,
et qui paraît être le participe présent du verbe roman
magni, qui veut dire : manger avec avidité.

huit mètres sur vingt, et sera chauffée, au moyen de cheminées, de manière que la température soit toujours maintenue au moins de quinze à vingt-cinq degrés; des châssis vitrés fermeront les fenêtres; un courant d'air devra purger l'atmosphère viciée par les émanations fétides qu'exhalent les vers à soie, et les feuilles qui se détériorent. Les tablettes sur lesquelles on nourrit les vers à soie seront disposées de manière que le premier étage soit au moins à cinq décimètres au-dessus du sol; les autres étages pourront se placer à une distance un peu moindre les uns des autres (1). Quelques petites claies peuvent suffire, quand les chenilles sont jeunes; mais il faut, à mesure qu'elles grandissent, leur donner plus d'espace, et veiller à ce qu'elles ne s'amassent pas trop ensemble.

(1) On voit que tous les détails que nous venons de donner sur la disposition d'une magnanerie, ne peuvent s'appliquer qu'à un grand établissement; il est facile, avec un peu d'intelligence, de les simplifier, quand il s'agit d'un simple essai; une petite chambre, un poêle s'il en est besoin, et quelques claies, peuvent suffire pour amener les vers à soie jusqu'à leur complet développement.

A tous ces petits soins qui ne sont pas à négliger, nous ajouterons ceux que prennent les Chinois, non pas parce que nous les croyons tous indispensables, mais parce qu'ils nous donneront une idée de l'esprit de détails et de patience particulier à ce peuple, et de l'importance qu'ils attachent à cette délicate industrie. Les Chinois apportent beaucoup d'attention à chasser les mouches et les cousins, parce qu'ils laissent toujours dans les cases quelque ordure; ils ont l'attention de loger les vers à une certaine distance des bestiaux et du bruit, car les odeurs désagréables et le moindre bruit leur sont funestes, lorsqu'ils sont nouvellement éclos. Les Chinois poussent la minutie jusqu'à exiger que les femmes qui sont chargées de l'éducation des vers à soie, se lavent auparavant, et ne se livrent à leurs fonctions que quelque temps après avoir mangé; ils veillent en outre à ce que ces femmes soient habillées avec des étoffes légéres et privées totalement d'odeur; la légéreté de l'étoffe est de rigueur, afin qu'elles puissent mieux juger du degré de chaleur qui convient aux vers;

ils attachent aussi beaucoup d'importance à ce que ces vers naissent autant que possible tous en même temps (1). Le succès dépend, disent-ils, en partie de cette condition, parce qu'à mesure qu'ils avancent en âge, s'ils accomplissent leurs différentes mues les uns après les autres, les retardataires sont presque toujours perdus, et ne parviennent pas à filer leurs cocons.

Nous voici arrivés maintenant à ce qu'il y a de plus important pour les vers à soie : la *nourriture*.

L'abondance des feuilles doit être proportionnée à l'âge des vers ; on pourra toujours en augmenter le nombre, dès qu'on remarquera qu'ils ne laissent que les côtes ou à peu près. Il est essentiel de couper les feuilles dans le premier âge (2) ; car, malgré le prodigieux

(1) Sur ce point nous sommes d'accord avec eux.

(2) On partage la vie du ver à soie en six âges, pendant lesquels il change quatre fois de peau*. Il parvient à sa

* Ce n'est pas assez de dire que les chenilles changent de peau, les dépouilles qu'elles laissent sont si complètes, qu'on les prend quelquefois pour des chenilles ; elles ont tout ce que nous fait voir l'extérieur de l'in-

appareil musculaire qui, ainsi que nous l'avons fait voir dans le traité qui précède cet article, donne une grande force aux mâchoires des chenilles, les jeunes auraient de la peine à inciser les feuilles.

Avant chaque mue, l'appétit du ver augmente, ensuite il s'arrête tout-à-coup ; les vers tombent en langueur, puis se raniment après avoir quitté leur peau. Lorsque les chenilles sont devenues assez fortes pour qu'elles puissent se maintenir sur les clayons, on supprime les feuilles de papier qui les recouvrent, pour laisser passer l'air.

Après la seconde mue, on transporte les vers à soie dans le grand atelier ; on les débarrasse

grosseur au bout d'environ trente jours ; en naissant, il n'a guère que trois millimètres de longueur, et, lorsqu'il a pris tout son accroissement, il a au moins quatre centimètres ; ce qui paraît prodigieux, si l'on compare cet accroissement à celui des autres animaux.

secte. On retrouve les poils, les jambes, tous les ongles des pieds, et même les parties qui ne sont visibles qu'au microscope. Le crâne et les dents s'y retrouvent aussi. Un phénomène aussi extraordinaire devait exercer le zèle des naturalistes les plus distingués : il résulte de leurs recherches, qu'à chaque changement de peau, toutes les parties semblables à celles qui se détachent, se reproduisent dessous.

de la litière qu'ils quittent pour se jeter avec voracité sur les feuilles fraîches. A cette époque, on leur donne de six heures en six heures, des feuilles coupées en plus grands morceaux que dans le premier âge.

Nous devons parler maintenant d'une opération dont nous n'avons rien dit jusqu'alors et que l'on nomme *déliter :* pour y procéder, on étend un filet sur les tables ; on le couvre de feuilles ; les chenilles y montent ; on enlève ensuite ce filet, on ôte la litière, et les vers malades ; puis une demi-heure environ après que les feuilles ont été servies, ces feuilles sont enlevées avec les vers qui y sont montés, et elles sont placées sur la tablette voisine, qui, préalablement a été vidée et nettoyée. On opère ainsi de tablette en tablette.

Après la troisième mue, on donne les feuilles entières et en abondance ; les vers ont alors un appétit qui surprend chez de si petits insectes (1). Cet appétit augmente encore à la

(1) Ces insectes mangent avec une telle voracité, que le bruit de leurs mandibules (lorsqu'ils sont en grand

quatrième mue ; alors il ne faut pas élever la température au-delà de seize degrés.

Le ver à soie parvenu à son cinquième âge, ne mange plus, il se vide de ses excréments, diminue de volume, devient en quelque sorte translucide, abandonne sa pâture, cherche à se cacher dans un lieu isolé, pour filer son cocon. On lui donne alors des rameaux de bruyère, de genêt, etc., qu'on dispose sur des tables et en forme d'allées, de trente à quarante centi-

nombre) ressemble à celui d'une forte pluie tombant sur un feuillage épais ; c'est surtout vers le milieu du quatrième âge et du cinquième, qu'ils mangent le plus ; il leur prend des espèces de fringales, qu'on nomme *fréze*. Rien ne peut alors les rassasier ; la feuille disparaît à mesure qu'on la pose. Malheur à l'imprévoyant magnanier qui a mal calculé sa provision !

Il résulte des observations qui ont été faites par Malpighi, que le ver à soie mange son poids de feuilles dans une journée, et que certaines espèces de chenilles mangent jusqu'à le double de leur poids. Au sujet de cette voracité des chenilles, nous ferons observer que si la nature eût donné un pareil appétit à tous les animaux, il y aurait longtemps que les races n'existeraient plus. Quelles terres auraient pu produire l'énorme quantité de fourrage qu'il eût fallu pour nourrir des chevaux, des bœufs, etc., qui auraient eu besoin de l'équivalent de leur poids pour subsister !

mètres de large. Les vers de deux tables doivent être réunis sur une seule, et toute la litière doit être enlevée. Des copeaux de menuisier, des cornets de papier sont disposés pour les chenilles plus diligentes, et plus tard pour les plus paresseuses (1).

Le ver se met à construire son cocon, en étendant des fils en différents sens : d'abord ce n'est qu'une soie grossière, mais elle devient plus fine, et la chenille en forme une sorte d'œuf, en contournant ses fils en zig-zag, et couche par couche, tout autour d'elle.

Ainsi que nous l'avons dit, dans le traité précédent, la matière de la soie est liquide dans le corps du ver, mais elle se durcit à l'air, et le gluten qui l'enduit colle les fibres les unes sur les autres. Quelques jours suffisent à la chenille pour fabriquer son cocon, qui est destiné à la mettre à l'abri de ses ennemis et

(1) Malgré toutes les précautions qu'on puisse prendre, on perd parfois beaucoup de vers à soie ; ils sont exposés à plusieurs maladies que l'on nomme : le *rouge*, le *brûlé*, le *gras*, les *harpions*, la *clairette* ou *luzette*, la *muscardine* et la *jaunisse*.

des impressions extérieures. Après cette opération, elle se change en chrysalide ou nymphe,
sorte de mort apparente.

On doit *déramer* peu après, c'est-à-dire
ôter les cocons de la bruyère, etc. On treille
pour séparer les plus beaux cocons qu'on réserve
pour graine. Après dix-huit à vingt jours, le
papillon se développe, perce son cocon en heurtant de sa tête (avec autant de force que peut
le faire un si faible insecte) contre le tissu d'une
extrémité qu'il a humectée, et dont il écarte
les fibres avec ses pattes. On recueille ces papillons, ou plutôt ces phalènes, et on les place
sur une étamine usée où se fait la ponte (1).

Les cocons qui doivent être défilés, seront
étouffés au plus tard après dix à douze jours ;
car si on laissait à la chrysalide le temps d'éclore,
son cocon serait percé et n'aurait plus de valeur.
Pour les étouffer, on les expose pendant cinq
jours à l'ardeur du soleil, ou on les met dans
un four chauffé convenablement, ou bien on

_____

(1) Chaque femelle pond, terme moyen, cinq cents
œufs à diverses reprises.

les soumet à la vapeur de l'eau bouillante (1).
Une chaleur de soixante et quelques degrés,
suffit pour faire périr les chrysalides, lorsqu'elles
y sont exposées pendant une demi-heure.

La soie est ordinairement jaune, quelquefois
blanche ou même vert-pomme : la blanche, qui
provient d'une variété de vers de la Chine, est
bien préférable, attendu qu'elle n'a pas besoin
de subir l'opération du *décreusage* pour la
décolorer.

L'opération du *décreusage* consiste à plonger
les cocons dans une bassine dans laquelle il y
a de l'eau chaude, pour dissoudre la gomme
qui colle les fils les uns aux autres. Dès que
ces cocons sont dans l'eau chaude, on les agite
avec une botte de verges qui arrache la bourre
et fait trouver le *maître-brin*, qu'on dévide
ensuite sur un dévidoir à quatre ailes (2).

---

(1) Dans les établissements qui pratiquent en grand
l'industrie *séricicole*, on se sert de divers procédés plus
expéditifs pour faire mourir les chrysalides ; on emploie
l'acide carbonique, l'acide sulfureux ou le camphre.

(2) Les magnaniers font des efforts pour obtenir un
quintal de cocon par trente grammes de graines de ver

. . . .

. . . .

à soie. La proportion ordinaire aux cocons réservés pour la ponte, est d'un quatorzième. Dans une éducation bien conduite, la consommation de feuilles de mûrier peut être calculée sur le pied de 26 kilogrammes 800 grammes pour 1 gramme d'œufs de ver à soie.

Observations.

OBSERVATIONS

sur

DIFFÉRENTS INSECTES

Très remarquables par leur industrie, leurs mœurs
et leur organisation.

PREMIÈRE PARTIE.

AVERTISSEMENT.

Après avoir prouvé l'existence et la toute-
puissance d'une première cause, par l'étude approfondie du ver à soie, il nous reste maintenant
à prouver que la sollicitude de cette première
cause ne se montre dans aucune classe d'animaux, avec plus d'évidence, que dans la classe
intéressante des insectes (1). Nous nous contenterons de parler ici des principaux genres, et
surtout de ceux qui se présentent souvent à
nos regards ; nous nous attacherons principalement à dévoiler les mystères de leur organisation, et à faire connaître de quelle merveilleuse industrie l'Être-Suprême les a doués. Nous
espérons que les exemples que nous avons
choisis, suffiront pour convaincre nos lecteurs
que la nature possède des ressources sans bornes
pour varier ses créations, et qu'elle sait toujours
les employer avec une sublime sagesse.

(1) Cette sollicitude toute maternelle en faveur des
insectes, se révèle, à chaque page, dans les morceaux
choisis des inimitables Mémoires de Réaumur, que nous
avons reproduits et annotés dans le second volume de nos
Mystères du règne animal.

OBSERVATIONS

SUR DIFFÉRENTS INSECTES

Très-remarquables par leur industrie, leurs mœurs
et leur organisation.

———

SUR LES FILIÈRES DES ARAIGNÉES.

> Quelle merveille pour l'homme de voir
> remuer et agir des machines organisées dont
> des milliers, mises ensemble, font à peine
> la grosseur d'un grain de sable? Quel ra-
> vissement n'éprouverait-il pas à la vue de
> ces parties, dont la délicatesse est si grande,
> qu'elles ne sauraient tomber sous les sens?
>
> LESSER.

Plusieurs articles sur les mœurs et l'intelligence des araignées, faisant partie de ce
choix d'observations, nous avons dû faire
connaître auparavant les passages les plus
curieux d'un Mémoire de Réaumur sur leurs
filières. Ce curieux Mémoire, que l'on peut

considérer comme inédit (1), publié en 1713, époque bien antérieure à la publication de son célèbre ouvrage sur les insectes, pourra déjà donner une idée du talent de ce savant, pour observer les plus petits objets, et de sa patience pour suivre ses expériences jusque dans leurs dernières conséquences.

L'illustre Malpighi, dans son anatomie des vers à soie, nous a décrit les parties d'où leur soie se tire ; nous allons bien trouver un autre appareil dans le corps des araignées. Près du derrière de l'araignée, il y a six mamelons, le bout de chaque mamelon est la filière par où sortent les fils de soie ; mais quelles filières ? dans un espace plus petit que la tête de la plus petite épingle, il y a assez de trous différents, pour donner sortie à une quantité surprenante de fils séparés ; on distingue ces trous par leurs effets.

(1) Nous le considérons comme tel, parce qu'on ne le trouve que parmi les Mémoires de l'Académie : recueil qui est à la disposition d'un bien petit nombre de lécteurs.

Si, ayant choisi une grosse araignée de jardin prête à faire ses œufs, on applique le doigt sur une partie d'un de ses mamelons, en retirant le doigt on entraîne une quantité étonnante de fils séparés.

J'ai voulu examiner leur nombre en me servant d'un bon microscope, souvent j'en comptais plus de 70 ou 80 ; mais je voyais qu'il y en avait incomparablement davantage que je ne pouvais compter, quoique les fils que j'avais tirés n'eussent pour base qu'une petite partie du mamelon ; enfin quand je dirai qu'il n'y a pas de bout de mamelon qui ne puisse fournir mille fils (1), je dirai un nombre assez étonnant,

(1) On aura une idée de la fragilité * des fils de certaines araignées, quand on saura qu'il en faut au moins 90 pour avoir un fil égal en force à celui du ver à soie, et plus de 18 000 pour obtenir un fil à coudre aussi fort que ceux des fils de ces vers. Le savant Leeuwenhoeck (pour faire comprendre jusqu'où allait la finesse du fil des plus petites espèces d'araignées) calcula qu'il faudrait en réunir plusieurs milliers pour égaler l'épaisseur d'un poil de barbe. Ce phénomène est certes le plus curieux qu'on ait jamais observé pour constater l'extrême divisibilité des corps.

* C'est cette extrême fragilité qui a fait abandonner le projet que l'on avait conçu d'utiliser ces fils comme ceux du ver à soie.

mais qui me paraît trop petit pour exprimer le
nombre de ces fils ; on le pensera comme moi,
si l'on veut se donner la peine d'examiner avec
un excellent microscope le bout d'un mamelon
d'une araignée de maison. Dans ce vilain insecte,
on verra une partie d'une structure fort jolie ;
le bout de ce mamelon est divisé en une infinité
de petites convexités plus petites, mais disposées
à peu près de la même manière que le sont les
convexités des cornées des yeux des papillons
ou des mouches. Chaque convexité sert ici sans
doute pour un fil différent, ou plutôt il y a
apparence que chaque petit creux qui est entre
les convexités est percé par un trou qui donne
passage à un fil ; les petites élévations empêchent
apparemment que les fils ne se joignent à leur
sortie ; ces petites convexités ne sont pas si
sensibles sur le bout des mamelons des araignées
de jardin ; mais on y aperçoit une forêt de petits
poils qui servent apparemment aux mêmes usages
que les convexités précédentes ; je veux dire
qu'ils séparent de même les fils les uns des autres.
Quoi qu'il en soit, il paraît certain que de chaque

mamelon d'araignée, il peut sortir des fils par plus de mille endroits différents : de sorte que l'araignée ayant six mamelons, elle a des trous pour donner passage à 6000 fils. La nature n'a pas borné son travail à percer ces trous d'une petitesse immense ; les fils sont déjà formés lorsqu'ils arrivent au mamelon, ils ont chacun leur petite gaîne particulière. On les trouve formés et séparés les uns des autres assez loin de l'origine des mamelons ; mais pour mieux comprendre toute cette admirable mécanique, il nous faut rémonter presque à la source de la liqueur dont les araignées les composent.

Nous avons cru devoir nous dispenser de reproduire les moyens employés par Réaumur pour arriver à ce but. Voici seulement le résultat de ses recherches : La soie subit une première élaboration dans deux petits réservoirs ayant la figure d'une larme de verre, placés obliquement, un de chaque côté, à la base de six autres réservoirs, en forme d'intestins, situés les uns à côté des autres, recoudés six ou sept fois, partant un peu au-dessous de l'origine du ventre, et venant aboutir aux mamelons par un filet très-mince. C'est dans ces derniers vaisseaux que la soie acquiert plus de consistance et les autres qualités qui lui sont propres ; ils communiquent aux précédents par des branches, formant un grand nombre de coudes et ensuite divers lacis.

Mais comment la liqueur s'assemble-t-elle dans les larmes ? Comment des larmes passe-t-elle dans les grands réservoirs ? elle a apparemment des routes que nos yeux ne peuvent apercevoir. Le célèbre Malpighi, tout clairvoyant qu'il était, quand il nous a donné l'anatomie du ver à soie, s'est contenté de décrire le vaisseau où s'assemble la liqueur d'où les vers tirent la soie ; il ne nous a expliqué ni la route par laquelle cette liqueur y entre, ni même, exactement parlant, la route par laquelle elle en sort. Que pouvons-nous faire dans un insecte plus petit que le ver à soie et où la nature a employé 6 ou 7000 fois plus de parties. Contentons - nous de faire quelques réflexions sur la prodigieuse ductilité de la matière dont leurs fils sont composés, et sur la prodigieuse finesse des trous par où ils passent, et des tuyaux où ils se moulent. Nous avons dit, et nous n'avons pas craint de trop dire, que du bout de chaque mamelon il en peut sortir plus de 1000 fils. Ce bout de mamelon n'a pourtant pas plus de diamètre qu'une petite épingle, et les trous sont nécessairement séparés les uns des autres par des intervalles qui doivent être beaucoup plus grands que les trous mêmes. Mais nous ne considérons encore que les plus grosses araignées ; si nous examinons les araignées naissantes produites par celles-ci, nous verrons qu'elles ne sont pas plutôt sorties de la coque de leur œuf, qu'elles filent. A la vérité, leurs fils ne sauraient guère être aperçus, mais on voit fort bien les toiles qu'elles en forment ; souvent elles sont aussi épaisses que celles des araignées de maison ; et cela, parce que 4 à

500 petites araignées concourent ensemble à ce même ouvrage.

Quelle est alors la petitesse des trous de leurs filières ? c'est où l'imagination ne peut aller : à peine pourra-t-elle se représenter la petitesse de chacun de leurs mamelons. Ces araignées entières sont peut-être moins grosses que ne l'est un mamelon de celle qui leur a donné naissance, il est aisé de le voir ; chaque grosse araignée fait 4 à 500 œufs ; ces œufs sont enveloppés d'une coque, et dès-lors que les petites araignées ont rongé cette coque, elles commencent à filer. Combien sont donc déliés chacun des fils qui sortent de leurs mamelons ? Il serait inutile de faire voir que la nature sait encore pousser beaucoup plus loin la ductilité de cette matière. Nous pourrions pourtant le montrer. Certaines araignées sont si petites à leur naissance, qu'on ne saurait les distinguer sans le secours du microscope ; elles sont alors rouges, et comme elles sont jointes une infinité ensemble, elles ne paraissent à la vue simple que comme diverses traînées de points rouges ; cependant sous ces araignées presque imperceptibles, il se forme des toiles ; elles filent donc ? (1) Mais quelle est la ténuité des fils qui sortent de chacun des trous de leurs mamelons ? Un cheveu doit être plus gros comparé avec ces fils, que le lingot le plus gros n'est gros par rapport au fil d'argent. Enfin ces fils qui se soutiennent cependant, ont moins de diamètre que n'a d'épaisseur la légère couche d'or qui couvre l'argent le plus étendu. Ils sont certainement des ouvrages étonnants ; aussi sont-ils des ouvrages du grand maître.

La matière dont-sont formés les fils de soie, est, comme nous l'avons dit, une matière visqueuse. Les larmes sont les premiers réservoirs où on la trouve assemblée, et ceux

(1) Les détails dans lesquels Réaumur vient d'entrer pour bien nous faire comprendre tout ce qu'il doit y avoir de merveilleux dans l'organisation des filières des plus petites araignées, peuvent servir de modèle. Quand on se livre à l'étude philosophique des insectes (lorsqu'il y a analogie dans l'organisation des parties principales), la meilleure marche à suivre est de juger les organes qui sont trop petits pour être étudiés, d'après ceux dont on peut faire l'examen.

où elle a le moins de consistance : elle en a beaucoup plus dans les six grands réservoirs où les canaux des précédents la portent ; elle en acquiert, en chemin faisant ; une partie de l'humidité ou de la liqueur aqueuse qui y était mêlée, s'en dissipe pendant sa route, ou en est séparée par des parties destinées à cet usage.

Enfin cette liqueur en allant aux mamelons par des tuyaux particuliers, se sèche encore davantage, elle devient fil au sortir de la filière, ces fils sont cependant encore gluants ; ceux qui sont sortis de différents trous se collent ensemble à quelque distance de là. Cette matière n'est parfaitement sèche que lorsque le reste de l'humidité s'est évaporée à l'air.

Ce curieux Mémoire a fait naître en nous quelques réflexions sur la soie donnée aux insectes, soit pour tendre des piéges, ainsi que le font les araignées ; soit pour construire une habitation, ainsi que le pratiquent les

différentes espèces de chenilles qui filent :
la soie possède trois qualités qui étaient indispensables pour l'usage que ces insectes
en font. Elle se sèche dans un instant; une
fois desséchée, elle ne peut plus être ramollie
par l'eau, ni par d'autres liquides, ni même
par la chaleur; c'est la réunion de ces trois
précieuses qualités qui fait que cette liqueur
remplit parfaitement le but que la nature lui
a assigné ; car si la première lui manquait,
les fils se rompraient presque aussitôt après
leur sortie de la filière, ou ces fils dévidés
les uns sur les autres se colleraient et for-
meraient une espèce de pâte molle que l'insecte ne pourrait employer. Les deux autres
qualités n'étaient pas moins essentielles; car
si ces fils eussent pu se dissoudre ou même
s'amollir à l'eau ou à la chaleur, ils devenaient
également inutiles à la chenille (1).

(1) Ce sont également ces propriétés réunies qui ont fait
des fils des vers à soie une source de richesses pour des
populations entières. Si nous joignons, aux admirables

LES ARACHNIDES PULMONAIRES.

Les mœurs de ces insectes sont extrêmement curieuses : quelques exemples que
nous avons choisis, prouveront qu'ils doivent exciter notre admiration, par la sagacité
surprenante qu'ils déploient pour surprendre
leur proie, et par l'instinct merveilleux dont
ils font preuve pour choisir l'endroit le plus
convenable au but qu'ils se proposent. Puissent les personnes qui ne voient les araignées

propriétés que possède la soie, toutes les merveilles que
nous venons d'observer dans les filières des araignées;
si, pour ne rien en oublier, nous nous représentons, par
la pensée, ces milliers de fils sortant des mamelons d'une
araignée, moins grosse qu'un grain de sable; chacun de
ces fils sortant d'une gaîne particulière; une infinité de
petites convexités ou une forêt de poils disposés sur les
mamelons, de manière à ce que ces fils, encore humides
en sortant des petits creux formés entre ces convexités
ou ces poils, ne se joignent pas entre eux, il n'est guère
possible, à la vue d'un tableau aussi sublime, de penser
que toutes ces parties si bien combinées, si régulièrement
reproduites de génération en génération, soient réunies
par hasard : un sublime architecte doit être le seul auteur
de toutes ces merveilles.

qu'avec effroi et dégoût, s'affranchir un instant de leur préjugé et donner toute leur attention à cette lecture !

Les Mygales, famille des *Fileuses*. — Ces
industrieuses araignées se creusent, dans les lieux
secs et montueux situés au midi, des galeries
souterraines en forme de boyau, ayant souvent
60 à 70 centimètres de profondeur (1). Elles
construisent à leur entrée, avec de la terre ou
de la soie, un opercule mobile fixé par une
charnière, et qui ferme l'habitation ; il forme
ainsi une trappe, dont l'extérieur se distingue
difficilement du terrain environnant, précaution
essentielle pour éviter l'ennemi. Sa face intérieure est revêtue d'une couche soyeuse, à laquelle l'araignée s'accroche pour attirer à elle
cette véritable porte et empêcher qu'on ne l'ouvre.

(1) La nature, ainsi qu'elle le fait toujours, quand elle
a imposé à un animal un travail particulier, a donné à
ces araignées des outils nécessaires : elles ont à l'extrémité
supérieure du premier article des antennes-pinces, une
série d'épines articulées et mobiles à leur base, formant
une sorte de râteau.

A tant de soins et de travaux pour cacher et fermer leur demeure, ces petits animaux joignent encore une adresse et une force surprenantes pour empêcher qu'on en ouvre la porte. Voici un fait qui servira de preuve, et dont M. l'abbé Sauvages a été témoin oculaire : cet observateur ayant découvert une de ces habitations, n'eut rien de plus pressé que d'enfoncer une épingle sous la porte pour la soulever ; étonné d'éprouver de la résistance, il remarqua que c'était l'araignée qui retenait cette porte avec force. Alors il l'entrouvrit, et vit l'intrépide insecte, le corps renversé, accroché par les jambes, d'un côté aux parois de l'entrée du trou, de l'autre, à la toile qui recouvre le derrière de la porte. Dans cette attitude, qui augmentait singulièrement ses forces, l'araignée tirait la porte à elle le plus qu'elle pouvait, pendant que M. Sauvages tirait également de son côté, de façon que la porte s'ouvrait et se fermait alternativement. L'araignée ne lâcha prise que lorsque M. Sauvages eut entièrement soulevé la trappe ; alors elle se réfugia au fond de sa retraite.

M. l'abbé Sauvages, ayant observé que dès que cette gardienne vigilante entend le moindre bruit, elle arrive à sa porte, a pensé que la promptitude qu'elle mettait à y arriver ne pouvait se concevoir qu'en admettant que, du fond de sa demeure, elle sent ou connaît tout ce qui se passe vers l'entrée, par le moyen de la toile qui la tapisse.

Observation. Ajoutons que tout est si bien prévu pour la construction de cette demeure, que nous ne pouvons comprendre ces ingénieux travaux qu'en admettant chez ces insectes, comme chez beaucoup d'autres dont nous parlerons par la suite, une certaine combinaison d'idées. D'abord un terrain en pente est choisi, pour que l'eau de la pluie ne puisse pas s'y arrêter; ensuite l'opercule ou trappe a une forme parfaitement adaptée à l'ouverture; son inclinaison, son poids et la situation de la charnière qui est placée à la partie supérieure, tout est tellement disposé qu'elle ferme d'elle-même, et hermétiquement, l'entrée de cette curieuse habitation, que nous sommes portés à croire unique chez les insectes, surtout si nous admettons comme exactes les observations suivantes transmises par des naturalistes dignes de foi : ils assurent que la trappe est formée de différentes couches de terre détrempées et liées entr'elles par des fils, pour empêcher que ses parties ne se séparent, et que l'entrée forme, par son évasement, une espèce de feuillure contre laquelle la porte vient battre ; ils ajoutent qu'elle n'a que le jeu nécessaire pour y entrer ; qu'enfin tout a été fabriqué avec une telle précision, qu'il semblerait que l'araignée a eu un compas à sa disposition.

LES ARAIGNÉES proprement dites. — Les unes font des toiles perpendiculaires artistement travaillées : ce sont celles des jardins. Celles que l'on rencontre dans nos habitations font des toiles horizontales très-serrées qu'elles placent, comme chacun le sait, dans les angles des murailles et des fenêtres (1).

(1) N'oublions pas de mentionner ici le singulier usage que font de leurs fils certaines araignées ; elles s'en fabriquent des espèces de voitures qui leur servent pour faire des voyages de long cours, et pour se transporter d'un pays à l'autre. Il est peu de personnes qui n'aient vu,

Afin que l'on connaisse à peu près tous les ouvrages que peuvent faire ces insectes avec leurs admirables filières, nous allons donner une idée des moyens que les araignées des jardins emploient pour faire leurs toiles qui servent à enlacer la proie dont elles se nourrissent. Si elles désirent les construire entre deux arbres séparés l'un de l'autre par un fossé, elles se mettent au bout de quelque branche, s'y tiennent fermes sur leurs six pattes de devant, et avec les deux pattes postérieures tirent de leurs mamelons un fil assez long qu'elles laissent flotter en l'air. Ce fil étant poussé par le vent contre quelque corps solide, s'y colle de suite. L'araignée le tire à elle pour s'assurer s'il est attaché : dès qu'elle en est convaincue par la résistance qu'elle éprouve, elle le colle en le bandant à l'endroit où elle est. Ce premier fil lui sert de pont de communication ; elle le triple pour le

dans certains temps de l'année, voltiger dans les airs quantité de gros fils et de flocons de toile de ces insectes. Eh bien ! ce sont des araignées qui se sont fabriqué ces fils pour pouvoir voler sans ailes, et se transporter facilement dans un autre climat !

rendre plus solide ; ensuite elle en file plusieurs autres perpendiculaires et obliques qu'elle a le soin d'attacher solidement à différentes branches, et elle ramène les bouts à un centre commun. Cette toile terminée, l'araignée se tient au milieu pour attendre sa proie, et si elle quitte cette place, ce n'est que pour se rendre sous quelque feuille qu'elle garnit d'une toile, et à laquelle des fils aboutissent toujours, afin que le moindre mouvement la prévienne qu'il y a du gibier tombé dans ses filets. Quand l'insecte pris, peut lui résister, elle a soin de l'enlacer avec des fils pour le mettre hors d'état de se défendre ; ensuite elle l'attache à son derrière, l'emporte dans son repaire, et le mange à son aise. Si l'insecte qui est tombé dans sa toile est trop gros pour qu'elle puisse espérer le tuer, elle l'aide prudemment à se dégager en rompant les fils qui l'arrêtent ; elle raccommode ensuite, avec soin, les endroits qui sont déchirés.

Les ARGYRONÈTES, *Araignée aquatique.* — S'il est un insecte qui mérite de fixer notre attention, c'est assurément celui-ci. L'existence d'un être qui vit au fond des eaux, entouré d'une atmosphère artificielle qu'il sait se préparer, est une existence assez bizarre pour que nous cherchions à la connaître le mieux possible. Voici ce que l'on en sait de plus positif :

Cette araignée se file dans l'eau une coque ovale et assez serrée pour qu'elle puisse contenir de l'air, et l'assujettit ensuite, par le moyen de quelques fils, à des brins d'herbe ; puis, placée en supination, elle monte à la surface de l'eau, élève son ventre au-dessus de ce liquide, et le retire avec prestesse : par ce mouvement, elle entraîne avec lui une forte bulle d'air dont il est couvert (1) ; elle descend jusqu'à sa coque, dans laquelle elle laisse une partie de cette bulle d'air qui s'y attache. Elle répète cette habile manœuvre jusqu'à ce qu'elle ait formé un petit édifice aérien assez vaste pour se loger commodément avec son butin (2).

(1) On explique ce phénomène par la présence d'un duvet très-court qui empêche l'eau de le mouiller ; l'air s'y attache et forme à la surface une couche que l'araignée, en plongeant avec promptitude, peut entraîner avec lui.

(2) On comprend que la coque étant percée, l'eau a

Les malheureux insectes qu'elle saisit sont emportés dans cette cloche pour les dévorer. Quelquefois elle sort de l'eau pour aller à la chasse des insectes sur terre ; et quand elle en a pris, elle y rentre. Elle poursuit également les insectes aquatiques.

Sa ponte se fait dans la cloche ou coque.

ARACHNIDES TRACHÉENNES.

Les Mites, famille des *Holètres*. — La plupart des espèces n'excèdent pas la grosseur d'un grain de sable ; leur corps est entièrement couvert de longs poils. Le baron Degéer assure avoir vu très-distinctement l'insecte les mouvoir de côté et d'autre (1).

dû y pénétrer ; aussi l'araignée ne jouit-elle de son petit édifice aérien, qu'après avoir déplacé entièrement l'eau qui y est entrée, par le moyen de l'air qu'elle y introdnit graduellement.

(1) Bien qu'il s'agisse ici d'insectes qui compromettent souvent notre santé, et altèrent nos aliments, nous ne pouvons nous défendre d'admirer leur organisation ; car ces êtres presque invisibles à l'œil, sont cependant composés d'une multitude d'organes ; les muscles seuls doivent être en nombre prodigieux, puisque chaque poil dont le

Les Iules, ordre des *Myriapodes*, famille des *Chilognathes*. — Ces curieux insectes ont jusqu'à 200 pattes, et ce qu'il y a de plus singulier, c'est que Degéer, notre Réaumur suédois, assure qu'en sortant de l'œuf ils n'en ont que 6, et qu'ils ne les acquièrent toutes qu'à mesure qu'ils croissent, et en changeant de peau.

Les Podures, ordre des *Thysanoures*. — Ce sont de très-petits insectes qui, réunis en sociétés nombreuses, ressemblent de loin à un petit tas de poudre à canon. Ils sautent parfaitement à l'aide d'une queue fléchie en avant sous le ventre, dans l'état de repos, et admirablement disposée pour cela; c'est en débandant subitement cette queue que ces petits animaux s'élançent.

Observation. La description que nous allons faire du mécanisme de cette queue, prouvera deux choses; l'une, que l'auteur de la nature sait varier à sa volonté ses moyens pour arriver

corps est hérissé, en a un qui lui donne le mouvement. Quelle doit donc être la ténuité incompréhensible de toutes les autres parties qui, réunies, forment un tout imperceptible à notre vue!

au même but ; car rien ne l'empêchait de faire sauter ces insectes, ainsi que beaucoup d'autres, par le moyen des pattes de derrière ; l'autre, qu'il ne lui en coûte rien de compliquer l'organisation des plus petits êtres : la queue est attachée au ventre à quelque distance de son extrémité, elle est élastique et composée d'une pièce inférieure, mobile à sa base, au bout de laquelle s'articulent deux tiges, susceptibles de se rapprocher, de s'écarter ou de se croiser, et qui sont les dents de la fourche. Lorsque l'insecte ne s'en sert pas, elle est courbée en-dessous du corps, et reçue dans une espèce de rainure, au milieu de laquelle est un petit bouton, dont la tête se trouve prise entre les deux branches de la queue, et sert à la retenir dans la rainure. Ce mécanisme, si compliqué est renfermé dans un espace qui n'a pas même un demi-millimètre de longueur. Nous serions curieux devoir par quel argument les partisans du système de M. de Lamarck (1), expliqueraient comment

(1) Voir le système de M. de Lamarck, t. II, p. 228, de nos *Mystères du règne animal.*

les circonstances, les lieux et la nourriture pourraient former le bouton qui retient cette petite queue et la rainure si bien disposée pour la recevoir.

Les Poux, ordre des *Parasites*. — On a calculé qu'un seul individu de ce genre pouvait produire en deux mois 18000 petits ; cette fécondité qui a quelque chose d'incompréhensible peut expliquer comment, dans certains cas, ces insectes déterminent dans l'homme une maladie quelquefois mortelle, nommée *pédiculaire*.

Les Puces, ordre des *Suceurs*. — Nous les mentionnons ici comme des insectes sauteurs du premier ordre ; sous ce rapport aucun animal ne peut leur être comparé. On peut dire que la force musculaire de la puce est prodigieuse ; car on a calculé qu'elle sautait à une hauteur égale à deux cents fois celle de son propre corps.

Les Cicindèles, ordre des *Coléoptères*, famille des *Carnassiers*. — Ces insectes que leur voracité a fait regarder comme les tigres de cette classe, sont très-jolis ; leur corps est ordinairement d'un vert plus ou moins foncé,

mélangé de couleurs métalliques très-brillantes,
avec des taches blanches sur les étuis. Ils sont
très-légers à la course et au vol. Leurs larves
se creusent dans la terre un trou cylindrique,
qui a environ cinquante centimètres de profondeur ; c'est à l'aide de leurs mandibules et
de leurs pieds que la nature a admirablement
organisés pour ce travail, que ces petits insectes
peuvent exécuter un ouvrage aussi prodigieux.

Pour déblayer ce trou, ces larves font preuve
d'un instinct, ou plutôt d'une intelligence bien
remarquable ; elles chargent le dessus de leur
tête, qui est en forme de petite corbeille, des
molécules de terre qu'elles ont détachées, se
retournent, grimpent peu à peu, se reposent
par intervalles (comme un malheureux savoyard
qui monte dans une cheminée) en se crampon-
nant aux parois intérieures de leur habitation,
à l'aide de deux mamelons à crochets courbés
et très-pointus, qu'elles ont sur leur dos ; et
lorsqu'elles sont arrivées à l'orifice du trou, elles
jettent leur fardeau à une distance considérable.
Après avoir terminé son trou, l'insecte s'établit

à l'entrée de sa tanière pour y guetter sa proie. Cette ouverture est entièrement bouchée et mise de niveau avec la terre environnante, par sa tête et le premier anneau de son corps, qui est recouvert, *ad hoc*, d'une plaque écailleuse. C'est encore à l'aide des précieux crochets de son dos, dilatés et poussés en avant, qu'il peut garder cette position qui serait plus que pénible sans ces utiles instruments. Aussitôt qu'un insecte se présente, il le saisit avec ses mandibules et le précipite au fond du trou, en inclinant sa tête brusquement et par un mouvement de bascule.

Observation. N'aurait-on à opposer au système de M. de Lamarck que les cicindèles qui représentent le principal type des insectes carnassiers, la curieuse organisation de ces insectes, si bien appropriée à leur genre de vie suffirait pour renverser ce système. Nous allons mettre sous les yeux du lecteur seulement les principaux caractères extérieurs des cicindèles, et nous le laisserons juge de cette question : une bouche munie de 6 palpes, des mâchoires terminées par un onglet mobile, en griffe, ou crochue, avec le côté intérieur garni de petites épines ; les palpes labiaux grands, et toujours hérissés en dedans de longs poils raides, qui servent à retenir la proie et à la présenter aux mâchoires ; une tête forte, avec de gros yeux ; des pattes parfaitement organisées pour la course, et des ailes pour le vol. Nous ajouterons à ces caractères le dessus de la tête des larves qui est en forme de petite corbeille, les mamelons à crochets du dos que l'insecte fait rentrer ou sortir à sa volonté, et le premier anneau qui est recouvert d'une plaque écailleuse élargie. Si, pour nous rapprocher des idées du savant auteur de ce système, nous lui accordons que les mâ—choires se sont développées, par suite des efforts faits par les cicindèles pour étreindre leur proie, comment expliquer l'onglet mobile, qui est *articulé* à leur extrémité, les épines qui garnissent leur intérieur, et les poils raides des palpes labiaux ; toutes ces pièces ne concourent-elles pas à rendre plus facile la capture de la proie ? Si nous concédons que la tête des larves, par suite de la pression exercée par les terres qu'elles transportent, soit devenue concave ; comment comprendre qu'il soit venu au dos de ces larves, non-seulement des mamelons (ce que, d'après le système précité, on pourrait à la rigueur expliquer), mais des crochets ? N'est-il pas évident que tous ces organes ont été accordés à ces insectes, pour qu'ils puissent exécuter les travaux auxquels la nature les a destinés ?

Les Carabes, les Aptines tirailleurs, les Brachines pétard, pistolet et bombarde, jouissent de la faculté de lancer par l'anus une liqueur caustique, qui fait explosion et se vaporise aussitôt.

Observation. Nous avons mentionné ces insectes qui, n'auraient-ils de remarquable que ce pouvoir de lancer une liqueur brûlante, doivent exciter notre intérêt ; car il est évident que la nature leur a accordé cette faculté pour qu'ils puissent se défendre contre leurs ennemis. Il est à remarquer qu'ils peuvent réitérer l'explosion un assez grand nombre de fois : on a vu le *Brachine crépitant* renouveler jusqu'à vingt fois ses décharges odoriférantes contre un *Calosome inquisiteur,* qui est un des plus gros coléoptères carnassiers.

Les Dytiques. — Ces coléoptères nagent avec beaucoup de vitesse, à l'aide de leurs pieds garnis de franges de longs poils. Dans la plupart des mâles, les quatre tarses antérieurs ont leurs trois premiers articles élargis et spongieux en-dessous ; ceux de la première paire sont surtout très-remarquables dans les grandes espèces ; ces trois articles y forment une grande palette, dont la surface inférieure est couverte de petits corps, les uns en papilles, les autres plus grands en forme de godets ou de suçoirs (1).

(1) Les mâles d'un grand nombre de coléoptères terrestres, ont sous les articles de leurs tarses de petites lamelles disposées en séries transversales et placées sur deux rangs, ou ont ces articles garnis de poils très-serrés. Aucune de ces dispositions n'était convenable pour des insectes aquatiques, car l'eau eût passé entre les petites lamelles, ou, s'attachant aux sortes de brosses formées par les poils, elle en aurait empêché l'action. C'est pourquoi l'auteur de la nature, dont la sagesse a tout prévu, a donné aux mâles des espèces qui vivent dans l'eau, des espèces de ventouses qui, s'appliquant avec force sur la surface très-glissante du corps de la femelle, peuvent la

Leurs larves se suspendent à la surface de l'eau au moyen des deux appendices latéraux du bout de leur queue, et qu'elles tiennent à sec. Lorsque le temps de leur transformation est venu, elles quittent l'eau, gagnent le rivage et s'enfoncent dans la terre humide.

Les Gyrins. — Ces insectes, qui brillent comme des perles d'acier, sont appelés aussi Tourniquets, parce qu'ils jouent à la surface des eaux en décrivant mille cercles entrelacés. Ils ont les deux premiers pieds longs pour saisir leur proie, et les quatre derniers très-comprimés, larges et en nageoires, leur servent d'avirons. La disposition de leurs yeux, qui sont placés en-dessus et en-dessous de la tête, leur donne la faculté de guetter leur proie sous l'eau, et de voir en même temps l'ennemi qui les menace en dehors. Aussi se dérobent-ils, en plongeant avec une rapidité étonnante, à la main qui veut les saisir ! Leurs larves vivent dans l'eau et en

retenir à leur gré. Il est encore certain, selon nous, qu'aucune circonstance n'aurait pu former ces sortes de cupules, et que ce sont des organes créés *ad hoc*.

sortent pour passer à l'état de nymphe. Elles forment, avec une matière qu'elles tirent de leurs corps, une petite coque qu'elles fixent aux feuilles de roseau et où elles s'enferment. Remarquons en passant que cet instinct toujours accordé aux larves des insectes, de savoir dans quels lieux elles doivent se retirer pour leur métamorphose, ne les trompe jamais.

LES HANNETONS. O. des *Coléoptères*, F. des *Lamellicornes.* — Nous n'avons rien à dire sur les mœurs de ces insectes ; elles n'offrent rien de remarquable ; mais nous saisissons avec empressement l'occasion qui se présente de signaler à nos lecteurs l'excellent ouvrage de M. Straus (1). L'anatomie descriptive du hanneton a placé ce savant en tête des naturalistes modernes ; il s'est montré aussi habile à manier le crayon du dessinateur que le scalpel de l'anatomiste : ses admirables planches sont au-dessus de tout éloge.

(1) Cet ouvrage, qui a été couronné par l'Institut, doit être envisagé, non pas comme étant applicable au hanneton seul, mais comme offrant un exemple de la merveilleuse complication d'organes qu'on ne saurait trop admirer dans la plupart des insectes arrivés à l'état parfait.

M. Straus a fait l'anatomie complète du hanneton ; il a choisi cet insecte, connu de tout le monde, comme type des coléoptères. Cet habile anatomiste a trouvé dans le corps d'un chétif hanneton, 306 pièces dures servant d'enveloppe (1) ; 494 muscles propres à les mouvoir ; 24 paires de nerfs pour les animer, toutes divisées en des filets innombrables ; 48 paires de trachées non moins divisées pour porter l'air et la vie dans cet inextricable tissu, et environ 17640 yeux. Nous n'avons pas à nous occuper ici de l'organisation de toutes ces parties ; les détails que nous en avons donnés en parlant du ver à soie doivent suffire ; mais nous ne pouvons nous empêcher de parler de la mystérieuse transformation qui nous a paru la plus frappante

(1) Dix espèces d'articulations ont été employées par le sublime architecte pour unir ces 306 pièces les unes aux autres, et faire mouvoir celles qui doivent être mues quand l'insecte le veut ; savoir : 1° la suture ; 2° l'adhérence ; 3° la symphyse ; 4° l'articulation linéaire ; 5° la syndesmoïdale ; 6° l'écailleuse ; 7° la cotyloïdienne des orbiculaires ou l'articulation par tête ; 8° l'articulation à têtes disjointes ; 9° en charnière ; 10° l'articulation qui donne le mouvement par flexion.

de toutes celles observées chez les insectes. C'est, selon nous, celle qui milite le plus en faveur des causes finales.

Nous avons trouvé seulement des trachées tubulaires ou élastiques sur les chenilles; c'est-à-dire des trachées représentant des tubes divisés en ramifications décroissantes, maintenus ouverts jusqu'à leurs extrémités par un filet élastique roulé en spirale, et recevant l'air par l'ouverture des stigmates; ces trachées, merveilleusement organisées, se retrouvent encore chez les larves (vers) des hannetons, et parmi les insectes qui vivent dans l'air, mais seulement chez ceux dont le corps présente beaucoup de surface et peu d'épaisseur. Ici, comme toujours, la nature a été conséquente; les larves ne volant pas, et les insectes dont nous venons de parler étant légers, elle n'avait rien à changer à ces admirables trachées; il suffisait qu'elles fussent construites de manière à être constamment ouvertes pour entretenir la respiration. Mais chez le hanneton et les insectes dont le corps est épais et lourd, dont les téguments sont compacts, le système musculaire bien développé, les trachées tubulaires ne pouvaient plus convenir pour exercer un vol étendu. Eh bien! cette prévoyante et sage nature a donné à ces insectes d'autres trachées. Dans le passage de l'état de larve à celui d'insecte parfait, passage où tout est mystère, les trachées tubulaires qui présentent un si ravissant spectacle dans les larves, par la prodigieuse quantité de branches qu'elles jettent, par les divisions, les sous-divisions de ces branches et leur entrelacement avec d'autres, tout cela disparaît pour faire place à des trachées utriculaires ou membraneuses, c'est-à-dire à des trachées dépourvues du filet élastique, mais d'une texture uniformément membraneuse, et munies de *poches* plus ou moins développées que ces insectes peuvent gonfler ou abaisser à volonté; de sorte qu'indépendamment des fonctions respiratoires, ces trachées ont aussi pour but de diminuer la pesanteur spécifique des corps qui ont besoin d'une grande force musculaire pour voler longtemps.

Les Bubrestes, famille des *Serricornes*. —

Ces insectes sont remarquables par la grandeur de leur taille ; nous les citons surtout à cause de la beauté de leur parure. L'éclat de l'or poli brille chez les uns sur un fond d'émeraude, et chez d'autres, l'azur brille sur l'or, où sont réunies plusieurs autres couleurs métalliques éclatantes. Aussi Geoffroy leur a-t-il donné le nom de *Richards*.

OBSERVATION. Ces insectes, qui se tiennent sur certains arbustes, prévoient le danger d'assez loin ; ils s'y soustraient en se laissant tomber à terre pour se cacher dans l'herbe.

LES TAUPINS. On les nomme aussi SCARABÉES A RESSORT. — Couchés sur le dos, et ne pouvant se relever à cause de la brièveté de leurs pieds, ils sautent et s'élèvent perpendiculairement en l'air jusqu'à ce qu'ils retombent dans leur position naturelle ou sur leurs pieds. On va voir que ces insectes sont admirablement constitués pour ce saut. Quand ils veulent exécuter ces mouvements, ils serrent leurs pieds contre le dessous du corps, baissent intérieurement la tête et le corselet qui est très-mobile de haut en bas, puis rapprochant cette dernière partie de l'arrière-poitrine, ils poussent avec force une pointe qu'ils ont au presternum, contre le bord du trou situé en avant du mésosternum, où elle s'enfonce ensuite brusquement et comme par ressort. Le corselet avec les pointes latérales, la tête, le dessus des élytres, heurtant avec force contre le plan de position, concourent, par leur élasticité, à faire élever le corps en l'air (1).

Le TAUPIN–CUCUJO (*Elater noctilucus*, Lin.) de l'Amérique méridionale, a une tache jaune, ronde, convexe, luisante, de chaque côté du corselet. Ces taches répandent pendant la nuit une lumière très-forte, et qui permet de lire l'écriture la plus fine, surtout si l'on réunit cinq à six de ces taupins dans un vase. Cette lumière est assez éclatante pour que des femmes puissent

(1) Chercher à expliquer pourquoi ces insectes n'ont pas été pourvus de jambes plus longues, afin de leur éviter des sauts pénibles, c'est un de ces mille *pourquoi* auxquels nous n'avons rien à répondre, si ce n'est que sans doute Dieu a voulu, en nous forçant à admirer ces organisations infiniment variées, nous donner une plus grande idée de son immense puissance.

l'utiliser pour faire leurs ouvrages ; elles placent aussi ces insectes, comme ornement, dans leur coiffure, lorsqu'elles se promènent le soir. Les Indiens les attachent à leur chaussure, afin de s'éclairer dans leurs voyages nocturnes.

Brown prétend que toutes les parties intérieures de l'insecte sont lumineuses, et qu'il a le pouvoir de suspendre à volonté sa propriété phosphorique, dont le principal réservoir est situé intérieurement à la jonction de l'abdomen avec le thorax.

Les Lampyres ont pour caractère particulier, lorsqu'on les saisit, de replier leurs antennes et leurs pieds contre le corps, et de ne faire pas plus de mouvements que s'ils étaient morts. Ils jouissent aussi de la singulière propriété d'éclairer la nuit ; aussi on les a nommés *vers luisants, mouches lumineuses*. On peut très-bien s'éclairer en réunissant quelques-uns de ces insectes. Comme ce sont surtout les femelles qui ont cet éclat phosphorique, on peut conclure que la nature (toujours si ingénieuse quand il s'agit d'inventer des moyens favorables à la multiplication de ses nombreuses créations) leur a donné cette propriété lumineuse pour attirer les individus de l'autre sexe.

OBSERVATION. Cette conclusion pouvant paraître un peu hasardée aux yeux des personnes peu disposées à croire à certaines causes finales, nous plaçons ici une partie de la savante explication que M. Morren, zoologiste très-instruit, a donnée de l'appareil lumineux de ces insectes ; cette explication le fera trouver sans doute assez admirable pour que l'on ne puisse pas supposer qu'il aurait été créé ainsi, sans un but d'utilité : l'appareil lumineux se compose de deux points placés sur l'avant-dernier segment abdominal ; chaque point lumineux consiste en une sorte de calotte cornée, transparente, qui recouvre une poche renfermant la matière lumineuse. La matière qu'elle contient ressemble à de l'albumine coagulée, et paraît granuleuse quand on l'écrase. Elle consiste en une foule de corpuscules ovoïdes ou sphériques, d'un beau violet ou d'un jaune rosé, différant beaucoup entre eux pour la grandeur, et ayant chacun leur enveloppe membraneuse propre, comme les vésicules du tissu graisseux. Une multitude prodigieuse de rameaux trachéens, d'une ténuité extrême, parcourent leur amas et leur enveloppe commune. La calotte cornée qui recouvre la matière phosphorique peut s'enlever comme une plaque. Sa face extérieure présente un réseau à mailles hexagonales. Chaque hexagone est convexe et porte à son centre un poil conique dirigé en arrière. Le reste de sa surface est simplement couvert de petites aspérités, et la face opposée, ou l'inférieure, est convexe et lisse. Chacun des points lumineux est ainsi composé d'une foule de facettes, et constitue un appareil absolument semblable à celui que Fresnel a inventé pour augmenter la diffusion de la lumière. On comprend, d'après cette explication, comment ce corps lumineux, malgré sa petitesse, jette tant d'éclat. Tout a été ménagé de manière à porter ce dernier au plus haut point : les facettes les plus grandes et les plus régulières occupent le centre de la plaque, et les plus petites sont placées sur les bords en décroissant régulièrement en grandeur. Les poils dont elles sont toutes munies, servent à empêcher la poussière de s'y attacher. Le stigmate voisin de la matière phosphorique étant fermé, la lumière s'éteint aussitôt ; ce phénomène a fait penser à plusieurs physiologistes qu'il se lie essentiellement à l'acte respiratoire, ce que, du reste, d'autres expériences ont confirmé.

Les Vrillettes. — Ces insectes, à l'état de larves, rongent nos meubles et nos livres; ils les percent de petits trous ronds, semblables à ceux que l'on ferait avec une vrille très-fine. Les deux sexes, pour s'appeler dans le temps de leurs amours, et se rapprocher l'un de l'autre, frappent, avec leurs mandibules, les boiseries où ils sont placés. Telle est la cause de ce bruit, semblable à celui du battement d'une montre que nous entendons souvent, et que des personnes superstitieuses ont nommé l'*horloge de la mort*. De Géer assure que la vrillette opiniâtre préfère se laisser brûler à petit feu plutôt que de donner le moindre signe de vie, lorsqu'en la tient.

4*

Les Nécrophores, famille des *Clavicornes*. — L'instinct qu'ils ont d'enfouir les cadavres des taupes, des souris et autres petits quadrupèdes, les a fait nommer *Enterreurs*, *Porte-Morts*. Ils se glissent dessous, creusent la terre jusqu'à ce que la fosse soit assez profonde pour contenir le corps, et l'y font entrer peu à peu, en le tirant à eux ; ils y déposent leurs œufs, et leurs larves trouvent ainsi leur nourriture. Comme un exemple frappant de l'intelligence de ces insectes, Clairville rapporte avoir vu un nécrophore qui, voulant enterrer une souris morte, et trouvant trop dure la terre sur laquelle elle se trouvait, fut creuser, à quelques pas de là, un trou dans un terrain plus meuble. Ce travail terminé, il essaya d'enterrer le cadavre dans ce trou ; mais ne pouvant y réussir, il s'envola, et revint quelques minutes après, accompagné de quatre nécrophores qui l'aidèrent à transporter la souris et à l'enfouir.

A l'exemple de Clairville, nous ajoutons une observation faite par un témoin oculaire et digne de foi. Un naturaliste voulant faire dessécher un crapaud, l'avait placé au sommet d'un bâton planté en terre, afin d'éviter que les nécrophores ne vinssent l'enlever ; cette précaution fut inutile : ces insectes, ne pouvant pas atteindre le crapaud, eurent l'ingénieuse idée de creuser sous le bâton, et, après l'avoir fait tomber, l'ensevelirent avec le cadavre. Ces faits curieux, joints à tant d'autres, prouvent incontestablement, qu'abstraction faite de l'instinct d'enterrer les corps de certains petits animaux, les nécrophores sont encore évidemment doués d'une intelligence bien remarquable, puisque, dans le premier exemple cité, un de ces insectes a pu faire connaître à ses congénères l'endroit où était placée la souris, leur communiquer l'intention de l'enterrer ailleurs, et la fosse qu'il lui avait déjà préparée ; et dans le second exemple, il y a eu nécessairement une certaine combinaison d'idées chez ces insectes, dans le fait de creuser la terre pour faire tomber le bâton.

Les DERMESTES, nommés DISSÉQUEURS, famille des *Clavicornes*. — Ces insectes sont malheureusement trop connus par les ravages qu'ils font dans les pelleteries et les cabinets d'histoire naturelle ; aussi nous n'en dirons rien de plus.

Les Byrrhes jouissent de la singulière faculté d'avoir les pieds parfaitement contractiles ; les jambes peuvent se replier sur les cuisses et les tarses sur les jambes, de sorte que l'animal semble, lorsque ces organes sont contractés et appliqués sur le dessous du corps, être absolument sans pattes et inanimé.

Les Dryops, qui doivent vivre dans la vase molle, sont merveilleusement habillés pour ce genre de vie ; ils sont revêtus entièrement, et sans en excepter les yeux, d'un duvet très-court et brillant, et sur lequel l'eau n'a point d'action. On les voit sortir de dessous la boue la plus sale avec une robe brillante de propreté.

Les Elmis. — Ces petits coléoptères, découverts au commencement de ce siècle, sont très-remarquables par la propriété singulière dont plusieurs d'entre eux sont doués de vivre dans les eaux courantes. C'est à l'aide de forts crochets recourbés que la nature leur a donnés, qu'ils parviennent à s'y maintenir.

Les Macronyques, découverts aussi depuis peu d'années, doivent à leurs longues pattes terminées par six paires d'ancres robustes, de pouvoir se maintenir dans les courants les plus rapides. On les trouve souvent accrochés, dans une attitude renversée, après des vieux bois immergés ou flottants. Lorsque ces insectes courent quelque danger, ils cachent leur tête, et même leurs antennes, dans leur corselet qui est organisé de manière à former une sorte de boîte. Cette singulière conformation du thorax existe aussi chez les dryops et les elmis.

Observation. Admirons encore, dans la structure toute particulière des pattes des elmis et des macronyques, la sage prévoyance de l'auteur de toutes choses ! Ayant refusé à ces insectes la faculté de nager, et les ayant cependant destinés à vivre au milieu des flots, ne fallait-il pas, pour qu'il fût conséquent au but de ses créations, qu'il eût pourvu à leur conservation ? Ces êtres si frêles n'auraient-ils pas péri, si leurs longues pattes, exposées continuellement aux vagues agitées, n'eussent pas été terminées par six paires d'ancres robustes qui leur donnent le pouvoir de résister aux naufrages ? (1).

Les Hydrophiles, F. des *Palpicornes*. — Organisés parfaitement pour nager, ils ont un instinct bien remarquable pour placer leurs œufs convenablement. Dans les petites espèces, ces œufs, réunis en une masse et enveloppés d'une matière soyeuse, sont placés sous le ventre de la mère, qui les porte avec elle jusqu'à ce qu'elle rencontre la tige de quelque plante aquatique. Grimpant alors sur la partie qui s'élève hors de l'eau, elle s'y accroche avec ses quatre premières pattes ; puis, détachant, avec les deux autres, la masse d'œufs que porte son ventre, elle la tient suspendue aux crochets de ses tarses, et la fixe

(1) M. Contarini, observateur italien, pense que ces insectes retiennent une petite bulle d'air à l'extrémité postérieure de leur corps ; que c'est en diminuant cette bulle d'air qu'ils se rendent plus lourds pour descendre au fond de l'eau, et que c'est en la grossissant qu'ils se rendent plus légers pour remonter à la surface. On voit, par cette dernière observation, que tout a été prévu pour que ces petits animaux pussent vivre dans l'eau sans courir plus de danger que d'autres insectes pourvus d'organes spéciaux pour la natation.

contre la tige de la plante qu'elle a sans doute enduite auparavant d'un liquide agglutinant.

Quand les œufs viennent à éclore, les larves tombent dans l'eau, et y restent jusqu'à l'époque de leur transformation en nymphe. Les grands hydrophiles, munis, comme les petits, de deux filières à l'extrémité de leur ventre, construisent, avec une soie très-blanche, une coque plus vaste, et qui est surmontée, sur un de ses côtés, d'une espèce de mât qui semble destiné à donner prise au vent, et à faire voguer la coque à la surface de l'eau, afin que les petites larves qui y sont renfermées, se trouvent à leur sortie dans l'élément qui leur convient. Les larves ont une tête qui peut se renverser en arrière. Cette faculté leur donne le moyen de saisir les petites coquilles qui nagent à la surface de l'eau. Leur dos leur sert de point d'appui, et c'est sur cette espèce de table qu'elles les cassent, et dévorent l'animal qu'elles renferment. Ces larves nagent avec facilité, et ont, au-dessous de l'anus, deux appendices charnus qui servent à les maintenir à la surface de l'eau ,la tête en bas, lorsqu'elles y viennent respirer (1). La larve de l'*hydrophilus piceus*, quand on la saisit, devient subitement molle et flasque.

Les **Scarabées** (2), famille des *Lamellicornes*. — Ils enferment leurs œufs dans des boules de fiente semblables à de grandes pilules, ce qui leur a fait donner le nom de pilulaires. Ils les font rouler avec leurs pieds de derrière, et souvent de compagnie, jusqu'à ce qu'ils aient trouvé des trous propres à les recevoir, ou des lieux où ils puissent les enfouir.

Illiger rapporte un fait bien curieux, que nous nous empressons d'indiquer comme un exemple à ajouter à tant d'autres de l'intelligence accordée aux insectes : « Un scarabée pilulaire, en construisant la boule de fiente destinée à ren-

(1) Quelle prévoyante industrie dans ces petits habitants des eaux, dont la progéniture, enfermée dans ces cocons si ingénieusement faits, peut attendre, sans courir aucun danger, le moment de paraître au jour ! Quelle ingénieuse organisation accordée aux larves pour dévorer leur proie et vivre dans l'eau sans fatigue !

(2) Le scarabée sacré faisait partie du culte religieux des anciens Egyptiens et de leur écriture hiéroglyphique.

fermer ses œufs, la fit rouler dans un trou, d'où il s'efforça, pendant longtemps, de la tirer tout seul. Voyant qu'il perdait son temps en vains efforts, il courut à un tas de fumier voisin chercher trois individus de son espèce, qui, unissant leurs forces aux siennes, parvinrent à retirer la boule de la cavité où elle était tombée, puis retournèrent à leur fumier continuer leurs travaux. »

Quand on est témoin d'un pareil fait, peut-on se refuser à reconnaître l'intervention du raisonnement, et une sorte de langage muet accordé à ces animaux ?

Les Géotrupes stercoraires sont des insectes très-rusés ; au lieu de contracter leurs pattes comme les buprestes, ils les étalent, les raidissent, et ressemblent, dans cet état, à de véritables cadavres. Il reste à savoir jusqu'à quel point les oiseaux, dont la vue est si perçante, sont dupes de ces sortes de ruses.

Les Cétoines. — Ce genre est très-remarquable par les belles couleurs métalliques dont ces insectes sont revêtus.

Les Lucanes. — Le lucane cerf-volant est facile à reconnaître par ses énormes mandibules (1)
et sa grosseur. Les femelles sont désignées sous
le nom de *biches*.

On présume que la larve de cet insecte, qui
vit dans l'intérieur des chênes, et y passe plusieurs années avant de subir sa dernière transformation, est le *cossus* des Romains.

Cette larve, qui a la forme d'un ver, était
regardée par eux, dit-on, comme un mets délicat.

Les Blaps, famille des *Mélasomes*. — Ces
insectes secrètent une liqueur qu'ils lancent jusqu'à 25 à 30 centim. de distance. Cette liqueur
est d'une âcreté fort irritante, pour qu'ils se défendent, sans nul doute, de leurs ennemis.

Les femmes turques habitant l'Egypte, où le
blaps sillonné est très-commun, mangent cet
insecte, cuit dans du beurre, dans l'intention
de s'engraisser.

(1) La tête de cet insecte est beaucoup plus large que
le corselet, parce qu'il fallait que cette tête énorme fût
pourvue de muscles forts et nombreux, pour faire mouvoir
ces mandibules extraordinaires.

Les Ténébrions. — Celui de la farine, si commun dans les boulangeries, produit une larve d'un jaune d'ocre qui se donne aux rossignols. Le ténébrion géant, du Brésil, lance par l'anus, et à la distance d'environ 40 cent., une liqueur caustique ; il y a même des espèces plus petites qui se recouvrent entièrement de cette liqueur.

Observation. Nous avons déjà fait remarquer que d'autres insectes jouissaient de cette singulière faculté ; nous l'avons considérée comme un moyen de défense que la nature avait accordé à ces faibles animaux qui ont à lutter contre tant d'ennemis. Nous ajouterons ici que cela nous paraît d'autant plus certain, que cette liqueur brûlante n'est lancée que lorsque l'on saisit cet insecte ; au reste, il ne nous est pas permis de supposer que celui qui ne doit avoir rien fait en vain, ait ajouté, sans un but d'utilité, un appareil sécrétoire très-compliqué à tant d'autres parties, qui entrent déjà dans la composition d'un chétif insecte.

Les Forficules, ordre des *Orthoptères*, famille des *Coureurs*. — Les forficules ou perce-

oreilles déposent leurs œufs en lieu de sûreté,
avec la pince qu'elles portent à leur extrémité
postérieure.

Voici un fait observé par le baron de Géer,
qui prouve que les femelles de ces insectes ont
une affection toute maternelle pour leur progéniture. Ce savant observateur ayant un jour enlevé
toute la couvée d'une forficule, et l'ayant dissé-
minée dans un vase qui renfermait de la terre, y
plaça en même temps la mère, dont la première
opération fut de recueillir, l'un après l'autre, tous
ses œufs, de les prendre avec ses mandibules, et
de les réunir en un tas sur lequel elle se plaça
aussitôt. Cet amour maternel est aussi prononcé
après l'éclosion des œufs ; les petits viennent alors
souvent se réfugier sous leur mère ; ils se placent
entre ses pattes et semblent vouloir se mettre à
l'abri du danger.

Les Blattes sont très-connues par le dégât
qu'elles font dans les cuisines. Les œufs de la
blatte orientale, au nombre de seize, sont ren
fermés symétriquement dans une coque ovale,
comprimée, solide, dentelée en scie sur un des

côtés. La femelle la porte à l'anus quelque temps, où elle fait une saillie, et la fixe ensuite, à l'aide d'une matière gommeuse, à divers corps. Dans les contrées du nord, ces insectes commettent de grands ravages; des combats ont lieu entre eux pour le partage du butin, et l'on voit souvent, lorsqu'il y a des blattes chargées de provisions poursuivies par d'autres, arriver d'autres blattes qui les défendent jusqu'à ce qu'elles aient opéré leur retraite. Pendant la belle saison, les blattent de la Laponie émigrent par bandes dans les forêts, où elles sont guidées par des chefs.

Observation. Ce qui rend surtout les blattes intéressantes aux yeux de l'observateur, c'est la manière dont elles pondent leurs œufs. Elles les placent dans une capsule qui a presque la forme des fruits de quelques légumineuses ; chaque espèce adopte une forme particulière pour faire cette capsule, mais elle est toujours composée de deux pièces, que divisent à l'intérieur plusieurs compartiments, dans chacun desquels est placé un œuf.

Les blattes de nos pays ont à leurs capsules

une série de dentelures le long desquelles elles doivent s'ouvrir, lorsque les œufs seront éclos.

Payons encore un nouveau tribut d'admiration à celui qui, par une prévoyance toute maternelle, a donné aux petites larves des blattes le pouvoir de ramollir la capsule pour en sortir, à l'aide d'un liquide qu'elles dégorgent.

Les Mantes (1) sont souvent de la couleur des feuilles des plantes sur lesquelles elles vivent. Leurs œufs sont ordinairement renfermés dans une capsule de matière gommeuse, se durcissant à l'air, divisée intérieurement en plusieurs loges, tantôt sous la forme d'une coque ovale, tantôt sous celle d'une graine, avec des arêtes ou des angles hérissés même de petites épines. La femelle les colle sur des plantes ou sur d'autres corps élevés à la surface de la terre. Ces espèces saisissent leur proie avec leurs pieds antérieurs,

(1) La mante, *Prie-Dieu,* est ainsi nommée parce qu'elle relève et rapproche ses deux bras à la manière d'une personne suppliante.

Les Turcs ont même pour cet insecte un respect religieux, et une autre espèce est encore plus vénérée chez les Hottentots.

très-longs et disposés à cet effet, qu'elles relèvent où portent en avant, et dont elles replient avec promptitude les jambes contre le dessous des cuisses.

Nous ferons observer que toute l'organisation de ces insectes prouve qu'ils sont destinés à vivre de proie et de rapine : les crochets acérés dont leurs pattes antérieures sont armées, empêchent que les insectes qu'elles ont une fois pris, ne puissent s'en échapper ; un corselet fort long et très-mobile sur le reste du thorax, leur donne le pouvoir de s'élever ou de s'abaisser à volonté ; une tête verticale et dégagée par une sorte de cou, leur donne la facilité de faire des mouvements de rotation très-libres.

Les Phasmes ont le corps filiforme ou linéaire, semblable à un bâton, d'où leur vient le nom vulgaire de *Bâton ambulant*. Leurs œufs sont ornés de dessins, et se terminent à l'une des extrémités par un opercule aplati, dont les contours sont parfaitement lisses, et qui s'adapte exactement à une rainure pratiquée sur le corps même de l'œuf.

OBSERVATION. N'oublions pas que le petit qui doit en sortir, n'ayant pas d'organes destinés à percer les parois de sa prison, a toujours la tête dirigée du côté de son opercule ; aussi lui est-il facile de se faire jour en le poussant audehors.

Enregistrons encore ce nouvel exemple de la nature prévoyante, et ajoutons, comme une nouvelle preuve de sa sollicitude, que, ces insectes ne volant pas, et étant destinés à vivre sur les branches et les feuilles des arbres, l'organisation de leurs tarses est en rapport parfait avec ce genre de vie.

Leurs quatre premiers articles sont garnis en dessous d'une espèce de tubercule membraneux, qui leur permet d'adhérer à la surface des corps, et le cinquième supporte deux crochets très-forts, entre lesquels on aperçoit un corps triangulaire qui semble pouvoir faire le vide.

On conçoit qu'avec de pareils organes, les phasmes doivent être fixés très-solidement sur les branches des arbres où ils se traînent ; ce qui était indispensable à cause du grand volume de leur corps.

Les **Sauterelles**, famille des *Sauteurs*. — Les mâles appellent leurs femelles ordinairement en frottant leurs cuisses postérieures sur les élytres et sur les ailes : ces cuisses alors font l'effet d'un archet de violon (1).

Ces insectes sautent avec facilité à l'aide des cuisses de leurs pattes de derrière, très-renflées à la base, renfermant des muscles puissants dont l'action se communique à des jambes fort longues et que terminent plusieurs épines mobiles. Lorsque les muscles des cuisses se contractent, les jambes qui tendent à se porter sur la même ligne qu'elles, s'appuient sur les épines dont la mobilité donne à tout le membre un mouvement

(1) Les femelles n'ayant pas d'organes du chant, et les mâles en possédant toujours, nous devons en conclure que cet appareil musical leur a été donné, ainsi qu'aux mâles des cigales, pour appeler leurs femelles ; cette conclusion nous semble d'autant plus admissible, qu'il ne s'agit pas ici d'un simple frottement mécanique, mais bien d'un véritable instrument dont nous allons expliquer le mécanisme, qui du reste est assez simple : les élytres offrent vers leur base une facette de forme arrondie, entourée de rides et de saillies très-fortes, et qu'une membrane fort légère tapisse. C'est par le frottement des rides et par la vibration de la membrane, que le son est produit.

élastique qui élève le corps en l'air, d'autant plus facilement, que les ailes aident encore à ce mouvement. Les épines qui terminent les jambes postérieures des sauterelles, sont bien plus fortes que toutes les autres épines des pattes ; mais elles ne sont pas les seules qui possèdent la faculté de se mouvoir. Le côté intérieur des jambes de derrière, et les deux côtés, externe et interne, des autres jambes, sont garnis dans toute leur longueur de semblables épines qui sont quelquefois très-fortes et très-acérées. Elles se meuvent dans une petite cavité par une surface arrondie et sensiblement saillante, et ces épines, qui souvent sont longues, ne peuvent s'écarter de la jambe sur laquelle elles sont implantées, qu'en formant un angle aigu. Sans cette disposition toute rationnelle, elles s'appliqueraient sur toutes les parties de la jambe, et leur action, dans ce cas, serait tout à fait nulle. Quant aux épines très-nombreuses et fortes qui revêtent le dessus des jambes de derrière, elles sont entièrement immobiles, et servent à la défense de l'animal, ou du moins cela est très-probable.

Observation. Ajoutons, à ces détails curieux, que les articles des tarses de ces insectes ont une structure parfaitement appropriée au séjour qu'ils font sur les plantes. Ils sont larges, membraneux en dessous, et adhèrent fortement, à l'aide des deux crochets qui terminent leur dernier article, aux végétaux dont ils se nourrissent en partie. Disons aussi quelques mots des tarières des femelles, qui leur servent à déposer leurs œufs : c'est un organe formé de deux lames cornées, qui s'appliquent l'une contre l'autre, et peuvent s'écarter à la volonté de l'animal.

Quand la femelle veut pondre, elle enfonce sa tarière dans le sol. Après quelques mouvements, les deux lames de cette tarière parviennent assez avant, s'écartent, et laissent tomber les œufs un à un.

Les Courtillières (Taupe-Grillon). — Ces insectes sont très-remarquables par l'admirable structure de leurs jambes de devant, elles sont élargies et dentées de manière à simuler une sorte de main, qui a quelque analogie avec celle de la taupe. Comme elle, ils creusent des galeries souterraines. Un autre caractère bien singulier des courtillières, consiste dans le volume de leur corselet ou prothorax. Assez semblable à une carapace d'écrevisse, il embrasse les côtés du corps, et ne semble avoir reçu un si grand développement que pour cacher la poitrine, qui remonte sous le corselet, parce qu'elle est destinée à donner aux pattes antérieures une insertion plus solide; une hanche énorme suivie d'un trochanter saillant; une cuisse très-volumineuse donnant insertion à une jambe large; des dentelures ou épines fortes, acérées et immobiles au bord antérieur de cette jambe, tels sont les instruments que doit supporter la poitrine.

Le tarse placé sur la face extérieure de la jambe de devant, se meut sur elle comme une lame de ciseaux, et, par le moyen de ses dentelures qui se croisent avec celles de la jambe, il fait l'office d'une véritable scie (1).

(1) Nous ne chercherons pas à expliquer pour quel motif ont été créés des insectes qui sont si nuisibles aux agriculteurs; celui qui les a faits pourrait seul nous faire connaître ses raisons. Contentons-nous de croire qu'il en avait de bonnes, et bornons-nous à admirer cette organisation

A l'aide de ces véritables outils, ces insectes coupent ou détachent des racines de plantes, mais moins pour s'en nourrir que pour se faire un passage. La femelle se creuse en été, à la profondeur d'environ 20 centimètres, une cavité souterraine arrondie, et lisse à l'intérieur, où elle dépose 200 à 400 œufs; ce nid, avec la galerie qui y conduit, ressemble à une bouteille dont le cou est courbé. Ses petits vivent quelque temps en société pour le fléau des agriculteurs.

Le grillon des champs se creuse, sur les bords des chemins, des trous assez profonds où il se

dont toutes les parties sont si parfaitement construites pour l'usage que l'insecte en fait. Si nous concédons encore aux naturalistes qui prétendent que les organes se modifient suivant les circonstances, qu'à la rigueur on pourrait comprendre que les pattes antérieures des taupes-grillons, forcées de creuser des galeries sous terre, eussent pu à la longue acquérir un certain développement et une certaine force; comment expliquer la présence de ces dentelures acérées, ce tarse placé si à propos sur l'extérieur de la jambe, et qui se meut sur elle, afin que ses dentelures viennent se croiser avec celles de la jambe? N'est-il pas évident que, dès le principe, tout a été disposé dans ce mécanisme curieux pour obtenir un outil convenable pour couper les racines, etc.?

tient à l'affût des insectes dont il fait sa proie.
La femelle y fait sa ponte composée de 300 œufs
environ. Il donne la chasse au grillon domes-
tique, si connu par son chant monotone, chant
que nous entendons souvent dans les boulangeries.

LES CRIQUETS DE PASSAGE. — Si les taupes-
grillons, dont nous venons de parler, causent
aux cultivateurs des pertes assez considérables,
il faut reconnaître que ces pertes sont bien peu
importantes en comparaison de celles causées par
les criquets; car on a vu une contrée fertile
changée en un désert par la présence momen-
tanée de ces insectes; on a vu aussi des régions
entières réduites à la plus affreuse disette par le
passage de ces animaux, et, ce qu'il y a de
plus déplorable dans ces circonstances calami-
.teuses, c'est que souvent ces insectes meurent
en si grand nombre, que leurs cadavres putréfiés
engendrent des maladies contagieuses qui achèvent de détruire la population que la famine avait
épargnée. Aussi les historiens ont consigné, dans
leurs annales, les différentes époques de leur

triste apparition. Nous allons en citer quelques-unes :

Chez les hébreux, une des sept plaies qui frappèrent le peuple de Pharaon fut due à la présence d'une prodigieuse quantité de sauterelles. Orésius nous apprend qu'en l'an 800, toute trace de végétation disparut par suite de leur présence. Les sauterelles qui produisirent cette destruction furent ensuite entraînées dans la mer, et leurs cadavres, rejetés sur les côtes, répandirent une odeur aussi infecte que celle que pourrait répandre les cadavres d'une nombreuse armée. Saint Augustin rapporte qu'une peste occasionnée par une semblable cause, détruisit 800 000 hommes dans la Numidie et dans les contrées voisines. Mouffet dit qu'en 591, l'odeur qu'exhalèrent les corps de ces insectes à la suite d'une apparition en Italie, enleva un nombre prodigieux d'hommes et de bestiaux. En 1600, la Russie, la Pologne et la Lithuanie furent inondées de criquets, au point que l'air en était obscurci. En 1747 et 1748, des bandes innombrables de ces insectes tombèrent sur la

Moldavie, la Valachie, la Transylvanie, la Hongrie et la Pologne. En 1749, ils pénétrèrent jusqu'en Suède. Dans ces différentes apparitions, ils détruisirent d'abord les herbes et les plantes les plus tendres, ensuite les feuilles des arbres, puis leur écorce. En 1780, le Maroc fut victime des ravages terribles de ces criquets, qui y causèrent une horrible famine. Les pauvres déterraient les racines des végétaux et s'en nourrissaient ; les rues des villes et les chemins étaient jonchés de cadavres.

LES PTÉROCHROZES. — Ces insectes sont très-curieux à cause de leurs élytres, qui ressemblent d'une manière frappante à une feuille ; leur forme large, ovale, pointue à l'extrémité, la nervure qui les parcourt d'un bout à l'autre et qui se trouve placée presque sur le milieu, les petites nervures qui partent de cette sorte de côte et la couleur verte de ces élytres, contribuent à rendre cette ressemblance d'autant plus parfaite, qu'ils sont placés verticalement dans le repos et appuyés l'un contre l'autre. Lorsque ces élytres sont détachés de l'insecte, ils ont tellement

l'aspect d'une feuille qu'on pourrait s'y mé-
prendre.

Les **Pentatomes grises**, ordre des *Hémiptères*, famille des *Géocorises*. — Ces insectes
gardent et conduisent leurs petits comme une
poule conduit ses poussins.

Les **Réduves masquées** s'approchent des mouches et de divers insectes, à petits pas, s'élancent
ensuite dessus, et les font périr sur-le-champ par
leurs piqûres.

Les **Notonectes**, famille des *Hydrocorises*
ou *Punaises d'eau*. — Ces insectes ont été appelés aussi *Punaises à avirons*, à cause de la
forme des pattes postérieures qui sont parfaitement disposées pour la natation.

Les notonectes nagent sur le dos, de manière
que le ventre est supérieur. La région dorsale
est relevée en dos d'âne, et revêtue d'une espèce
de velouté qui la rend imperméable ; des franges fines garnissent les pattes postérieures, les
bords de l'abdomen, du thorax, etc. ; elles s'é-
talent à la volonté de l'insecte, comme des nageoires, et contribuent, comme on doit le penser,

6 *

à rendre facile cette attitude en supination, et à augmenter la vitesse des mouvements natatoires.

OBSERVATION. Nous plaçons ici quelques phra-ses écrites par le savant Léon Dufour, sur l'attitude exceptionnelle des notonectes (1). Nous engageons nos lecteurs à bien se pénétrer de ces réflexions toutes philosophiques, attendu qu'à chaque page, il peut trouver à en faire l'application. « Puisque la nature, qui semble si souvent se faire un jeu de produire des exceptions bizarres qui attestent l'immensité de ses ressources, avait condamné cet animal à passer sa vie dans une posture renversée, il fallait bien, pour le maintien de son existence, qu'elle lui donnât une organisation en harmonie avec cette attitude ; c'est aussi dans ce but que la tête est fortement inclinée sur la poitrine ; que les yeux, de forme ovalaire, peuvent exercer la vision en haut et en bas ; que les pattes antérieures, ainsi que les intermédiaires, agiles et arquées, uniquement des-

(1) Ces réflexions sont extraites de son excellent ouvrage sur les hémiptères, ouvrage rempli d'observations que l'on ne saurait trop relire.

tinées à la préhension, peuvent se débander en quelque sorte, à la faveur des hanches allongées qui les fixent au corps, et accrocher solidement leur proie avec les griffes robustes qui terminent leurs tarses. »

Les Cercopes écumeuses, F. des *Cicadaires*, nommées aussi *écume printanière, crachat de grenouille*. — Cet insecte, à l'état de larve, étant revêtu d'une peau molle, trop délicate pour rester exposé à l'air, a le pouvoir de faire sortir, par l'extrémité postérieure de son corps, un grand nombre de petites bulles d'air, formées par un liquide visqueux, et qui s'agglutinent et s'arrangent les unes contre les autres, de manière à former un amas d'écume qui sert d'habitation et de couverture à cette larve qui, si vous la privez de son abri, se met aussitôt en devoir de le refaire.

C'est sous ce même abri desséché et changé en une pellicule mince, unie, transparente, que l'insecte subit ses deux dernières métamorphoses; il n'en sort en la perçant, qu'après avoir acquis des ailes.

Les Chrysis, O. des *Hyménoptères*, sont des insectes très-remarquables par la richesse et l'éclat de leurs couleurs, ils vont de pair avec les colibris et les oiseaux mouches; c'est pourquoi on leur donne aussi le nom de *Guêpes dorées*.

Les Fourmis, F. des *Hétérogynes*, vivent, ainsi que les guêpes et les abeilles, en société, elles travaillent d'un commun accord à des ouvrages qui ont pour but l'utilité générale de la petite république dont elles sont membres. On trouve parmi ces intéressants insectes des individus de trois sortes : des mulets, des mâles et des femelles. Ce sont les mulets qui sont chargés de tous les détails de leur curieux travail. Lorsqu'on examine avec attention le monticule que les fourmis ont élevé, on voit qu'il est arrangé de manière à éloigner les eaux de la fourmilière, à ménager la chaleur du soleil, ou la conserver dans l'intérieur du nid (1). Le

(1) Nous devons observer que les voûtes de ces monticules reposent sur des piliers, et que leur structure est calculée avec une telle justesse, que leur pesanteur et

dôme cache la partie la plus remarquable de l'établissement, qui s'étend sous terre à une grande profondeur : on y observe des avenues, ménagées avec soin ; ces avenues ont la forme d'entonnoir, elles conduisent du faîte dans l'intérieur de la fourmilière.

Le soir, les fourmis ont le soin de fermer leurs portes, avec de petites poutres qu'elles apportent et qu'elles croisent dans tous les sens. Les neutres donnent la becquée aux larves, les transportent, dans les beaux jours, à la superficie extérieure de leur habitation, pour leur procurer de la chaleur, les redescendent plus bas, aux approches de la nuit ou du mauvais temps, et les défendent contre les attaques de leurs ennemis.

Observation. Nous n'avons pas voulu terminer cet article sans y joindre le récit de plusieurs actes qui prouvent, jusqu'à l'évidence,

leur étendue sont toujours en rapport parfait avec la force de leurs étais. Des poutres, des solives et d'autres pièces de charpente, dont l'ingénieuse combinaison atteste les règles de l'art, servent à établir les toits.

que les curieux hyménoptères dont nous venons de parler, ont reçu de la nature une intelligence beaucoup plus développée qu'on ne le croit ordinairement.

1° Un auteur digne de foi rapporte que des ouvrières étant à la quête des provisions, trouvèrent des denrées d'un volume un peu trop considérable pour les rapporter dans les dépôts. Pour vaincre cette difficulté, elles se rassemblèrent en nombre suffisant et parvinrent, non sans peine, à transporter l'objet trouvé. Une des ouvrières ayant été blessée pendant le voyage, ses compagnes s'empressèrent de l'aider à regagner le logis, en la portant.

2° M. Hubert, qui nous a laissé un ouvrage remarquable sur les fourmis, affirme que ces insectes soignent et entretiennent des pucerons, destinés à leur nourriture ou à celle de leurs larves, afin d'avoir toujours des provisions en réserve. Cet auteur ajoute que les fourmis portent même leur attention jusqu'aux œufs de ces pucerons.

3° M. Félix Dujardin, naturaliste distingué,

rapporte qu'étant jeune, il boucha avec une petite pierre un trou de fourmis dans une muraille ; il remarqua que ces insectes parurent d'abord fort embarrassés ; mais bientôt les fourmis qui étaient dehors et ne pouvaient rentrer, s'avisèrent de s'accrocher les unes aux autres, de manière à former une chaîne dont l'extrémité aboutissait à la pierre sur laquelle se réunissaient ainsi tous leurs efforts ; les prisonnières de leur côté poussaient par dedans, de sorte que la pierre tomba au grand contentement des unes et des autres.

4° Le célèbre Lyonet nous a laissé, sur des fourmis des Indes orientales, ce morceau rempli d'intérêt :

« Ces fourmis, dit-il, ne marchent jamais à découvert ; mais elles se font toujours des chemins en galerie pour parvenir là où elles veulent aller. Lorsque, occupées à ce travail, elles rencontrent quelque corps solide qui n'est pas pour elles d'une dureté impénétrable, elles le percent et se font jour au travers : elles font plus, par exemple, pour monter au haut d'un

pilier, elles ne courent pas le long de la superficie extérieure ; elles y font un trou par le bas,
elles entrent dans le pilier même, et le creusent
jusqu'à ce qu'elles soient parvenues au haut.
Quand la matière, au travers de laquelle il
faudrait se faire jour, est trop dure, comme
le seraient une muraille, un pavé de marbre, etc.,
elles s'y prennent d'une autre manière : elles
se font le long de cette muraille ou sur le pavé,
un chemin voûté, composé de terre liée par le
moyen d'une humeur visqueuse ; et ce chemin
les conduit où elles veulent se rendre. La chose
est plus difficile lorsqu'il s'agit de passer sous
un amas de corps détachés. Un chemin qui ne
serait que voûté par-dessus, laisserait par-dessous
trop d'intervalle au vent, et formerait une route
trop raboteuse, cela ne les accommoderait pas ;
aussi y pourvoient-elles, mais c'est par un plus
grand travail. Elles se construisent alors une
espèce de tube, un conduit en forme de tuyau,
qui les fait passer par-dessus cet amas, en les
couvrant de toutes parts. Des fourmis de cette
espèce ayant pénétré dans un magasin de la

compagnie des Indes orientales, au bas duquel
il y avait un tas de clous de girofle qui allait
jusqu'au plancher, firent un chemin creux et
couvert qui les conduisit par-dessus ce tas, sans
le toucher, au second étage. Pour opérer cette
ascension, elles percèrent le plancher, et gâtè-
rent, en peu d'heures, pour plusieurs milliers
d'étoffes des Indes, au travers desquelles elles
se firent jour.

» Des chemins d'une construction si pénible,
semblent devoir coûter un temps excessif aux
fourmis qui les font : il leur en coûte pourtant
beaucoup moins qu'on ne croirait. L'ordre avec
lequel une grande multitude y travaille, fait
avancer la besogne. Deux grandes fourmis, qui
sont apparemment deux femelles, ou peut-être
deux mâles, puisque les mâles et les femelles
sont ordinairement plus grands que les fourmis
du troisième ordre, deux grandes fourmis, dis-je,
conduisent le travail et marquent la route. Elles
sont suivies de deux files de fourmis ouvrières,
dont les fourmis d'une file portent de la terre,
et celles de l'autre une eau visqueuse. De ces

deux fourmis les plus avancées, l'une pose son morceau de terre contre le bord de la voûte ou du tuyau du chemin commencé ; l'autre détrempe le morceau, et toutes deux le pétrissent et l'attachent contre le bord du chemin. Cela fait, ces deux rentrent, vont se pourvoir d'autres matériaux et prennent ensuite leur place à l'extrémité postérieure des deux files. Celles qui, après celles-ci, étaient les premières en rang, aussitôt que les premières sont rentrées, déposent pareillement leur terre, la détrempent, l'attachent contre le bord du chemin, et rentrent pour chercher de quoi continuer l'ouvrage. Toutes les fourmis qui suivent à la file, en font de même, et c'est ainsi que plusieurs centaines de fourmis trouvent toutes moyen de travailler dans un espace fort étroit sans s'embarrasser, et d'avancer leur ouvrage avec une vitesse surprenante. »

5° Voici maintenant le récit d'une bataille singulière que se livrèrent deux espèces de fourmis, l'une la *Formica-Rufa*, l'autre la *Fofusca* ; c'est M. Hanhart, témoin oculaire, qui parle :

« Ces insectes, dit-il, s'approchèrent dans un

ordre de bataille composé de leurs divers esca-
drons, et marchaient dans le plus grand ordre.
Les *Formica-Rufa* s'avançaient sur une colonne
de front, formant une ligne de trois à quatre
mètres de long, flanquée de différents corps,
disposés en carrés et composés de vingt à soixante combattants. On voit que ces fourmis
affectaient ce que le chevalier Folard appelle
l'*Ordre mince*.

» La seconde espèce, plus nombreuse, avait
une ligne beaucoup plus étendue, quoiqu'elle
eût deux ou trois combattants d'épaisseur. Cette
disposition, plus savante, se rapprochait davantage de l'ordre profond.

» Les *Fofusca* laissèrent des détachements
près de leurs collines ou fourmilières, pour les
défendre contre une attaque imprévue. La grande
ligne était flanquée sur la droite d'un corps com-
pacte de plusieurs centaines de combattants ; un
corps semblable, de plus de mille, flanquait
l'aile gauche. Ces différents corps avançaient dans
le plus grand ordre, et sans changer leurs positions respectives. Les deux corps latéraux ne

prirent point part à l'action principale ; celui de l'aile droite fit une halte pour former une armée de réserve, tandis que le corps qui marchait en colonne à l'aile gauche, manœuvrant de manière à tourner l'armée ennemie, s'avança rapidement vers la fourmilière des *Formica-Rufa* et la prit d'assaut.

» Les deux armées s'attaquèrent avec acharnement et combattirent longtemps sans rompre leurs lignes. A la fin, le désordre se mit sur différents points, et la bataille continua par groupes détachés.

» Après un combat sanglant, qui se prolongea de trois à quatre heures, les *Formica-Rufa* furent mises en fuite, abandonnèrent leurs deux fourmilières, et se réfugièrent sur d'autres points avec les débris de leur armée. Ce qu'il y avait de plus intéressant dans cette scène singulière, c'était de voir ces insectes se faisant réciproquement des prisonniers et transportant leurs propres blessés sur leurs derrières. Ils montraient tant de dévouement pour ces blessés, que les *Formica-Rufa,* en les transportant, se laissaient tuer sans résistance par leurs ennemis, plutôt que d'abandonner leurs charges » (1).

6° Mlle de Méran parle d'une espèce de fourmis d'Amérique qui emploie un moyen singulier,

(1) L'exact observateur Hubert qui, dans un ouvrage remarquable sur les fourmis, donne des détails fort curieux sur les combats que se livrent entre elles différentes espèces, fait mention d'un des plus singuliers traits de prudence dont l'histoire des insectes nous fournisse l'exemple ; c'est ainsi que s'exprime ce savant naturaliste : « Longtemps avant que le succès puisse être douteux, les fourmis noir-cendré apportent leurs nymphes au dehors de leurs souterrains, et les amoncellent à l'entrée du nid, du côté opposé à celui d'où viennent les fourmis sanguines, afin de pouvoir les emporter plus aisément si le sort des armes leur est contraire ; leurs jeunes femelles prennent la fuite du même côté ; le danger s'approche ; les sanguines se trouvant en force se jettent au milieu des noir-cendré, les attaquent sur tous les points, et parviennent jusque sur le dôme de leur cité. Les noir-cendré, après une vive résistance, renoncent à la défendre, s'emparent des nymphes qu'elles avaient rassemblées hors de la fourmilière, et les emportent au loin. Les sanguines les poursuivent et cherchent à leur ravir leur trésor. Toutes les noires sont en fuite ; cependant, on en voit quelques-unes se jeter avec un véritable dévouement au milieu des ennemis, et pénétrer dans les souterrains, dont elles soustraient encore au pillage quelques larves qu'elles emportent à la hâte. »

et qui est fort ingénieux, pour passer d'un point à un autre. Voici de quelle manière ces intelligentes fourmis établissent une espèce de pont : Une d'elle saisit un morceau de bois qu'elle tient serré entre ses mandibules. Une seconde vient s'attacher à cette première, et ainsi des autres, qui sont plus ou moins nombreuses, selon l'espace qu'il faut franchir. Cette sorte de cordon ainsi formé se laisse emporter par le vent, jusqu'à ce que l'extrémité volante ait atteint le côté opposé, où la dernière fourmi se cramponne, et aussitôt plusieurs milliers d'autres fourmis passent sur ce pont si ingénieusement improvisé.

7° M. Lacordaire et M. Lund, naturalistes très-distingués, ont été témoins, à Cayenne et au Brésil, du passage d'armées de fourmis. Ils ont remarqué que l'espèce de fourmi, nommée *Atta Cephalotes*, avait pour chefs, lorsqu'elle allait en expédition, des individus dont la tête seule égalait en grosseur le corps entier des autres Ces observateurs ont vu avec surprise que ces chefs ne se confondaient pas avec le gros de l'armée, qu'ils étaient placés sur les flancs de colonnes, qu'ils marchaient en avant, puis revenaient sur leurs pas, s'arrêtaient un instant comme pour voir défiler la troupe, traversaient de temps en temps les rangs, enfin se portaient avec promptitude où leur présence semblait nécessaire, lorsque, par exemple, l'armée rencontrait quelqu'obstacle sur la route. Ils les ont vus souvent grimper sur des plantes, se poster sur l'extrémité d'une feuille et regarder le passage de leurs troupes. M. Lund dit avoir suivi une colonne de fourmis pendant cinq jours, et M. Lacordaire assure avoir vu à Cayenne une de ces grandes armées passer dans un bois. Elle avait environ cent pas de largeur ; ses premières colonnes étaient à une distance telle qu'il ne put la vérifier ; l'arrière-garde ne passa qu'un jour et demi plus tard, quoique la troupe marchât rapidement et ne s'arrêtât nulle part (1).

(1) Si nous ajoutions à toutes ces intéressantes observations celles qui ont été faites par les observateurs de l'antiquité, il nous faudrait encore bien des pages, en ne rapportant même que celles qui méritent toute confiance. Cicéron et Plutarque notamment, se plaisaient à accorder

Les **Termites**, O. des *Névroptères*, nommés aussi *Fourmis blanches*, *Poux de bois*, construisent une habitation qui a la forme d'une pyramide, et qui s'élève quelquefois à cinq mètres au-dessus du sol. Cette vaste demeure, que l'on a de la peine à croire construite par de si petits insectes, est tellement solide que des bœufs mêmes ne peuvent l'écraser à coups de pied ; et, si l'on rencontre plusieurs de ces habitations rapprochées l'une de l'autre, on est tenté de les prendre pour un village véritable, lorsqu'on est à quelque distance. Les termites sont très-redoutables pour les habitants des tropiques. Lorsqu'une armée de ces espèces de fourmis pénètre dans un village, elle le détruit quelquefois, parce qu'elle s'avance sous terre jusqu'aux fondements des maisons et creuse des gouffres qui engloutissent celles qui ont été construites au-dessus.

aux fourmis une intelligence et un raisonnement, qui les plaçaient en quelque sorte au-dessus de l'homme ; mais, malgré notre admiration pour les habitudes et les ruses de ces insectes, notre enthousiasme ne va pas jusqu'à partager l'opinion de ces hommes célèbres.

Pour que de si chétifs insectes exécutent des travaux aussi prodigieux, on doit penser qu'il faut que leurs phalanges renferment un nombre d'individus au-dessus de tout calcul.

Langelandia anophtalma. — Ce curieux coléoptère, qui n'a que quatre millimètres de longueur, a été découvert, il y a très-peu de temps, au milieu même de Paris, dans l'île Louviers, par M. Langeland, jeune entomologiste distingué. Il n'offre aucune trace d'yeux; caractère qui lui est particulier avec quelques-uns de ses congénères seulement.

Observation. On ne conçoit pas tout d'abord comment il se fait que la nature, qui est toujours si attentive à donner à toutes ses créations les organes qui leur sont nécessaires, et qui a donné un nombre si considérable d'yeux à la plupart des insectes, ait pu en créer qui soient privés de la vue; aussi est-on disposé, en présence d'une organisation aussi anormale, de l'accuser d'imprévoyance ; mais, quand on a examiné ces insectes avec plus d'attention, on est obligé de reconnaître que nous devons être

toujours très-réservés sur ces sortes d'accusa-
tions. En effet, l'insecte dont il s'agit n'a pas
reçu d'yeux, parce qu'il n'en avait pas besoin;
puisque cet insecte, ainsi que quelques-uns de
ses congénères privés également de la vue, ont
une existence souterraine.

Tous ces coléoptères aveugles vivent dans la
terre, dans les endroits les plus sombres des
écuries, ou enfin, comme celui qui fait le sujet
de cet article, sous des pièces de bois un peu
enfoncées dans le sol (1).

(1) Dieu pour nous prouver sans doute qu'il ne fait
rien en vain, a refusé non-seulement à ce coléoptère qui
ne devait pas voler (puisque le vol lui devenait inutile,
ne sachant où se diriger) les ailes que l'on trouve sous les
élytres de la plupart de ses congénères, mais il a voulu
que ces élytres mêmes fussent soudés.

Puisse encore la découverte de ce curieux insecte, nous
convaincre que, *l'absence* ou *la présence* d'un organe,
doit toujours faire pressentir *à priori*, *l'absence* ou *la
présence* d'un autre organe, et nous prouver de nouveau
que l'Histoire naturelle, bornée aux simples définitions
de *familles*, de *genres* et d'*espèces*, ne doit servir que
de point de départ; tandis que l'étude des mœurs, et des
organes comparés à leurs usages, doit être le but principal
de cette belle science !

SECONDE PARTIE.

—

AVERTISSEMENT.

« Les mémoires du baron de Géer et ceux de Réaumur sont les deux ouvrages les plus importants, les plus clairs, les plus profonds, les plus riches en faits et en observations qu'on ait encore publiés sur les insectes. Il y a peu d'espoir de les voir surpassés et même égalés, parce qu'il faut pour cela un concours de circonstances difficiles à rassembler ; il est même étonnant que les richesses, le génie et la persévérance se soient trouvés réunis également dans deux hommes différents, pour pousser à ce point de perfection une des branches les plus difficiles de l'histoire naturelle. »

Malgré ce bel éloge fait par **M. Walckenaer**, membre de l'Institut, etc. (1), nous devons prévenir les lecteurs peu versés dans la science mystérieuse des insectes, et qui, pour cette

(1) En tête du second volume de notre ouvrage intitulé : *Dieu et les mystères les plus remarquables du règne animal,* on pourra voir aussi les magnifiques éloges que les naturalistes les plus distingués ont faits des Mémoires de Réaumur.

raison, pourraient s'effrayer de quelques détails
minutieux que nous avons reproduits dans le
Mémoire suivant (1) à cause de leur importance,
nous devons, disons-nous, prévenir ces lecteurs
qui sont peu habitués à scruter les merveilles
du règne animal, qu'en reproduisant *les beautés
de Réaumur, qui embrassent en entier* le
second volume de nos *Mystères du règne animal*, nous avons fait tous nos efforts pour éviter
les détails trop longs qui ne servent souvent qu'à
grossir un ouvrage, sans jamais l'enrichir. Enfin,
nous avons essayé de prouver, par un choix varié
de faits surprenants, que l'espèce de culte, que
certains entomologistes rendent à l'histoire des
insectes, n'est pas un culte superstitieux, et que
l'ouvrage de Réaumur n'intéresse pas seulement
les naturalistes, mais qu'il touche aussi à la
philosophie, et doit fixer l'attention de tous les
hommes qui s'occupent des lois de l'intelligence
départie à ces myriades de petits êtres, et des
lois non moins surprenantes de leur instinct.

(1) Pour ne pas encourir de reproches, il était de rigueur
que nous publiassions au moins, presqu'en entier, un des
plus beaux Mémoires de Réaumur; il sera toujours loisible
à certains lecteurs de ne pas faire leur profit de la note de
la page 8, et de ne s'arrêter qu'aux endroits laissés à dessein
en caractères *cicero*, et à la lecture qui concerne les mœurs
étonnantes des cousins, lecture que l'on peut commencer
à la page 36.

Hist. des Cousins.

HISTOIRE DES COUSINS

(CULEX, Linnée, CULICIDES, Latreille)

ORDRE DES

DIPTÈRES, FAMILLE DES NÉMOCÈRES.

———

« Sed turrigeros elephantorum miramur
» humeros, taurorumque colla, et truces in
» sublime jactus; tigrium rapinas, leonum
» jubas, *quum rerum natura nusquam magis,*
» *quam in minimis, tota sit.*
  « Quapropter quæso, ne nostra legentes,
» quoniam ex his spernunt multa, etiam
» relata fastidio, damnent, quum in contem-
» platione naturæ nihil possit videri super-
» vacuum. »

PLINE, *Nat. Hist.*, lib. XI, cap. 2.

Si l'on eût connu, du temps de Pline,
ce que les microscopes nous ont dévoilé
de l'admirable structure de la trompe des
cousins, ce grand homme eût été encore

II.   I

bien plus fondé à soutenir que nous devions plus admirer ces curieux insectes, malgré leur petitesse, que *les éléphants chargés de tours, etc.* Mais il était réservé aux Swammerdam, aux Réaumur et aux de Géer, de nous donner une histoire complète de ces diptères qui, dans tout le cours de leur vie, soit à l'état de larve, soit à l'état de nymphe, ou à celui d'insecte parfait, dévoilent, aux observateurs philosophes, les plus étonnantes merveilles.

Nous pensons être agréables à nos lecteurs, en leur donnant les passages les plus remarquables du Mémoire que le célèbre Réaumur nous a laissé sur ces intéressants insectes. Nous avons placé en tête de ce mémoire quelques réflexions, et nous y avons joint des notes qui, nous l'espérons, rendront la lecture de ce curieux travail encore plus profitable.

Les nombreuses observations du naturaliste français sont tellement surprenantes, que certaines personnes qui en prendront connaissance, pour la première fois, seront peut-être disposées à croire que l'auteur, entraîné par son admiration pour les œuvres de Dieu, a embelli presque involontairement son sujet. Que ces personnes se rassurent; des naturalistes modernes, se livrant aux mêmes investigations, ont reconnu que toutes ses observations sont parfaitement exactes.

Il semblerait que le divin auteur de la nature s'est plu à tout réunir sur ces petits insectes. Tout y est à admirer : d'abord, cette trompe si remarquable, tant par son incomparable mécanisme, que par le nombre prodigieux de parties qu'elle renferme, leur délicatesse infinie et l'intelligence avec laquelle elles sont assemblées pour exécuter leurs fonctions ; ensuite, leurs ailes qui, vues au microscope, offrent un coup-d'œil ravissant, ainsi que les jolis panaches qui ornent leurs têtes : les ailes sont sillonnées de nervures ramifiées qui ressemblent à de petites plantes, de la tige et des branches desquelles sortent des feuilles oblongues. Les petites écailles qui partent de chaque nervure, ont la figure de feuilles, chacune fait un angle aigu avec la tige dont elle sort. Les endroits de l'aile dépourvus d'écailles, sont très-agréablement pointillés, et tout son contour intérieur est bordé d'une frange d'écailles.

Réaumur, après nous avoir parlé assez longuement de ces ailes, nous fait connaître les larves de ces insectes, leur manière de se nourrir, en agitant vivement leurs barbillons qui, étant bordés de cils bien fournis, déterminent de petits courants d'eau, qui portent à l'insecte l'aliment nécessaire. Cet habile observateur donne aussi des détails sur le long tuyau que ces larves portent au derrière, pour respirer l'air à la surface de l'eau ; puis il décrit leur curieuse métamorphose en nymphe, après laquelle, au lieu de respirer par la queue, cette nymphe respire par deux tuyaux faits en oreilles d'âne, qu'elle porte sur le corselet; et lorsqu'elle est arrivée à son état parfait, elle gonfle son corselet pour le fendre.

Réaumur démontre ensuite que c'est à la surface de l'eau que le cousin doit sortir de sa dépouille, et qu'il doit en sortir sans se mouiller : l'eau qui, naguère, était son élément naturel, devenant dans ce moment critique, redoutable pour lui. Cet auteur ajoute que le procédé qu'il emploie pour se soutenir, et s'élever sur sa dépouille au-dessus de la surface de l'eau, est un tour d'équilibre et de force très-difficile, et des plus surprenants de la part d'un chétif insecte. Une fois échappé à ce danger, le cousin vit quelque temps dans l'air, se nourrit de notre sang et du suc des plantes; ensuite sa femelle revient sur l'eau pour y déposer ses œufs. Chacun de ces jolis petits œufs ressemble à une quille, et la mère, par un procédé des plus ingénieux, réunit au moins 300 œufs, pour en faire un petit bateau, qui a sa poupe et sa proue, et qu'elle laisse voguer sur l'eau.

Comme elle a la sage précaution de tourner l'ouverture de l'œuf du côté de l'eau, la larve qui en sort, un ou deux jours après, tombe tout naturellement dans l'élément dans lequel elle doit vivre. Bien peu de personnes devineront, nous en sommes convaincus, le moyen que le cousin emploie pour édifier son petit bateau d'œufs ; car la construction de cette jolie embarcation nécessite chez les femelles, une bien grande industrie.

Comment peuvent-elles réussir à poser chaque œuf perpendiculairement à la surface de l'eau ? Comment maintiennent-elles dans cette position le premier œuf ? C'est cette opération difficile que va encore nous faire connaître l'intéressant mémoire de Réaumur.

Après nous avoir entretenu de la gravité des piqûres de certains cousins ; des travaux antérieurs aux siens, entrepris par divers naturalistes sur ce genre d'insectes ; de la différence qu'il y a entre les cousins et les tipules ; des différences qui existent entre certaines espèces de cousins (1) ; des ornements qui embellissent leurs ailes ; de la beauté des panaches des mâles (2) et de leurs yeux à réseau, Réaumur continue ainsi :

« C'est un instrument, ou plutôt une machine bien digne de notre attention, que celle dont le cousin se sert pour nous piquer, et que nous appellons *sa trompe.* Elle est du genre des

(1) Nous avons supprimé quelques pages que Réaumur avait consacrées à des explications qui se retrouvent, en partie, dans les ouvrages élémentaires.

(2) Les personnes qui se livrent rarement à l'histoire des insectes verront avec surprise, en examinant la fig. 6 de notre pl. I, combien les plus petits objets qui nous paraissent si simples à l'œil nu, sont souvent admirables, lorsqu'ils sont vus grossis au microscope. En suivant exactement nos planches, on remarquera avec plaisir une foule d'exemples de ce genre.

trompes, dont l'aiguillon, ou, pour parler plus exactement, les aiguillons sont entièrement renfermés dans un fourreau (1). Ce qu'on voit ordinairement n'est que l'étui de pièces destinées à percer notre peau et à sucer notre sang, et dans lequel ces pièces sont contenues, comme les lancettes et d'autres instrumens propres à opérer sur nous, sont renfermés dans l'étui d'un chirurgien. Toutes ces pièces, et l'étui lui-même, méritent d'être vus avec des verres qui les rendent bien sensibles à nos yeux. Celui-ci (2) paroît cylindrique dans la plus grande partie de sa longueur; il est couvert d'écailles assez semblables à celles du corps et des ailes. Près de son bout, il a un petit renflement; là est un bouton (3) un peu alongé, et plus menu à son extrémité qu'à son origine. Le bout de ce

(1) Nous ne saurions trop engager nos lecteurs à suivre tous les détails que Réaumur nous donne sur l'organisation admirable et l'action de cette trompe. Notre savant observateur a montré, dans toutes les recherches qu'il a faites sur cet organe, une persévérance et une sagacité au-dessus de tout éloge.

(2) Voir pl. II, fig. 1, *f*.   (3) *Idem*, fig. 1, *g*.

bouton est percé, et laisse quelquefois sortir une pointe (1), que Swammerdam avoit prise d'abord pour une pointe simple, pour celle d'un seul aiguillon. Il l'a fait représenter comme telle, dans son Histoire des insectes. Mais Leeuwenhoek, après avoir étudié avec beaucoup d'application, la trompe du cousin, a reconnu qu'elle étoit composée de plusieurs aiguillons, dont il a fait graver des figures. Il n'a pas manqué de reprocher à Swammerdam de l'avoir décrite et fait représenter comme un instrument trop simple; le reproche étoit fondé : Leeuwenhoek ne pouvoit pas sçavoir qu'aux pièces dont il avoit cru cet instrument composé, Swammerdam en avoit encore ajouté deux autres, lorsqu'il s'étoit appliqué à mieux découvrir sa structure; car c'est de quoi on n'a pu être instruit que depuis que toutes les œuvres de ce célèbre auteur ont été mises au jour par les soins de l'illustre M. Boerhave.

» Il ne faut ni tout le talent d'observer, que Swammerdam avoit en partage, ni avoir recours

(1) Voir pl. II, fig. 9, *d*.

à des microscopes aussi forts que ceux dont se servoit Leeuwenhoek, pour découvrir simplement que la trompe du cousin est très-composée; il suffit d'avoir envie de s'en assurer, et d'être muni d'une bonne loupe. Pendant qu'on tient le cousin entre deux doigts, par le corcelet, et près de la tête, si on le presse un peu, souvent on voit l'étui s'entr'ouvrir dans sa partie supérieure, tantôt plus, tantôt moins; quelquefois il s'ouvre presque tout du long; depuis son origine jusqu'au bouton par lequel il est terminé. Une espèce de fil un peu rougeâtre et luisant, sort en partie par l'ouverture qui s'est faite; ce fil s'élève en dehors, en se courbant. Bientôt on reconnaît qu'il est un faisceau de plusieurs filets; on les sépare les uns des autres, en frottant le paquet avec une pointe fine et roide, et souvent c'est de lui-même qu'un des filets se sépare en partie des autres, en se courbant. On juge donc que tous ces filets doivent entrer dans la composition de l'instrument destiné à percer notre peau, et à puiser le sang qui est dessous; et l'on voit que, quoique l'étui nous paroisse dans l'état ordinaire, un tuyau continu et cylindrique, il est cependant fendu presque tout du long, et que les bords de la fente peuvent s'écarter l'un de l'autre quand il en est besoin.

» Il est si ordinaire à l'étui de s'entr'ouvrir, soit tout du long, soit en partie, pendant qu'on tourmente le cousin, et sur-tout pendant qu'on tourmente sa trompe, qu'il est surprenant que **Swammerdam** ne l'ait jamais vu entr'ouvert, et qu'après avoir douté si cet étui n'étoit point fendu, il se soit déterminé à croire qu'il ne l'étoit point. La fente qui règne tout du long de l'étui (1), est très-réelle, et elle n'a pas été ménagée là sans dessein ; elle est sans doute nécessaire dans le temps où le cousin veut faire usage des parties contenues dans l'étui ; c'est apparemment alors qu'elle s'entr'ouvre, et qu'elle s'entr'ouvre le plus. Mais est-ce pour laisser sortir les aiguillons qui doivent être renfermés en d'autres temps ? Ces aiguillons sont-ils réellement tirés hors de l'étui ? C'est ce qui n'a

(1) Voir pl. **II**, fig. 10.

point été examiné, que je sache. On a cherché, avec beaucoup de patience, à connoître la structure de la trompe, le nombre et la figure des aiguillons, et l'on a négligé d'observer ce qui était beaucoup plus facile, sans être moins curieux, d'observer ce qui se passe pendant que le cousin pique.

» Rien n'est plus naturel, et même plus raisonnable, que de chasser des cousins qui veulent nous piquer ; mais des physiciens, à qui la trompe de ces insectes a paru mériter d'être étudiée, devoient, ce semble, agir avec eux tout autrement qu'on en agit pour l'ordinaire, ils devoient avoir envie d'observer ce qui se passe pendant que les cousins piquent. Après tout, sans un fort grand courage, et sans un amour excessif pour l'histoire naturelle, on peut être capable de soutenir patiemment leurs piquures. Loin de tâcher de tuer le cousin qui me piquoit, ou qui cherchoit à me piquer, il m'est arrivé plus d'une fois de n'avoir d'autre crainte que de le troubler dans son opération. Plus d'une fois je les ai invités à venir sur le dessus d'une de mes mains ; plus d'une fois je l'ai offerte à ceux qui étoient en l'air, en l'approchant d'eux tout dou-cement, et cela pendant que je tenois, de l'autre main, une loupe, pour m'aider dans la suite à mieux voir le jeu de leur trompe. On croit bien que j'ai réussi à me faire piquer ; je n'ai pourtant pas été piqué toujours autant de fois que je l'eusse voulu, et quand je l'eusse voulu. Lors-qu'on a eu une fois le plaisir de voir le cousin dans l'action, on oublie le petit mal qu'il nous fait en nous blessant, et les suites de la blessure, qui, sur la main, ne sçauroient être ni dange-reuses, ni de longue durée. Après qu'un cousin m'avoit fait la grâce de se venir poser sur la main que je lui avois offerte, je voyois qu'il faisoit sortir du bout de sa trompe une pointe très-fine, qu'il tâtoit, avec le bout de cette pointe, successivement, quatre ou cinq endroits de ma peau. Il sait choisir apparemment celui qui est le plus aisé à percer, et celui au-dessous duquel se trouve un vaisseau dans lequel le sang peut être puisé à souhait. Enfin il a bientôt fait son choix, et on sent qu'il l'a fait ; on en

est averti par la petite douleur que la piquure
cause sur le champ. La pointe de l'aiguillon
composé, car, pour nous exprimer plus brièvement, nous ne regarderons désormais que
comme une seule pointe, celle qui est formée
de plusieurs pointes extrêmement fines, et que
comme un seul aiguillon, l'assemblage de plusieurs ; la pointe, dis-je, de l'aiguillon s'introduit
dans la peau, elle y pénètre, elle sort par le
bout du bouton qui termine l'étui (1). A quoi
sert donc la fente qui est presque tout du long
de cet étui ? C'est ce qui mérite le plus d'être
expliqué, ou plutôt d'être vu ici ; c'est ce que
la méchanique de la trompe des cousins a de
plus particulier. L'aiguillon doit pénétrer dans
la chair, et la nature ne l'a pas fait capable
d'être alongé, ou au moins d'être alongé d'autant
qu'il y doit pénétrer ; cependant il ne sçauroit
s'introduire dans la chair couvert de son étui ;
car le diamètre de cet étui étant beaucoup plus
grand que celui de l'aiguillon, l'ouverture capable
de laisser passer l'étui seroit beaucoup plus

(1) Voir pl. II, fig. 9, *d.*

grande que celle que l'aiguillon peut faire; le bout de l'étui reste donc nécessairement sur le bord de la plaie. Si cet étui n'étoit composé que d'une seule membrane très-mince et très-flexible, il pourroit se plisser pendant que l'aiguillon s'enfonce, et lorsque l'aiguillon seroit sorti de la chair, le ressort de cette membrane lui feroit reprendre sa première forme. Mais les pièces déliées qui composent l'aiguillon demandoient un fourreau plus solide que ne seroit une membrane si mince; et quelque mince qu'elle eût été, il eût été difficile qu'elle se fût plissée assez, qu'elle eût été réduite à assez peu de volume; car l'aiguillon doit pénétrer presque tout entier dans la chair, il s'y enfonce jusqu'auprès de son origine; un aiguillon qui a environ une ligne de longueur s'enfonce dans la chair de plus de trois quarts de ligne.

» La nature a donc eu besoin d'employer ici une toute autre méchanique, pour que l'étui, auquel de la solidité étoit nécessaire, pût être raccourci à mesure que la partie de l'aiguillon qui est hors de la plaie, devient plus courte.

Le moyen auquel elle a eu recours est simple ;
l'étui, quoique solide, a une sorte de flexibilité ;
il se courbe (1) à mesure que l'aiguillon pénètre
dans la chair, il s'éloigne de l'aiguillon, qui
doit toujours rester tendu et droit ; l'étui, qui
s'ouvre, peut se tirer en arrière, et s'y tire
sans y amener l'aiguillon. Mais celui-ci a besoin
d'être soutenu immédiatement au-dessus du bord
du trou ; aussi l'étui ne fait-il, comme nous
venons de le dire, que se courber ; il devient
d'abord un arc, dont l'aiguillon est la corde.
Le bouton (2) de l'étui doit toujours rester sur
le bord du trou, pour aider à y maintenir et
à empêcher de vaciller, un instrument délicat
et foible. C'est par un expédient semblable que
les ouvriers qui ont à percer de très-petits trous
dans des corps durs, sçavent maintenir la pointe
déliée du foret. Enfin, à mesure que l'aiguillon
pénètre, l'étui se courbe de plus en plus ; il
s'y fait même quelque part un angle dont le
sommet est variable, au moins ne m'a-t-il pas
toujours paru placé dans le même endroit. Cet

(1) Voir pl. II, fig. 3, *f*.   (2) *Idem*, fig. 3, *g*.

angle, d'abord obtus (1), le devient de moins en moins ; il passe à être aigu (2), et l'est à un tel point, quand l'aiguillon a pénétré aussi avant qu'il lui est possible, c'est-à-dire, quand la tête du cousin est prête à toucher la peau, qu'alors l'étui est plié en deux ; sa moitié inférieure est alors appliquée contre sa moitié supérieure (3).

» Pour considérer plus à mon aise l'étui ainsi plié en deux, j'ai quelquefois tué le cousin sur la blessure, rendue aussi profonde qu'elle le pouvoit être ; quelquefois l'étui a conservé, pendant un temps assez long, le pli qu'il avoit pris ; mais le ressort de ses fibres, qui tend à l'alonger, l'a ensuite déplié, et l'a redressé.

(1) Voir pl. II, fig. 3, *f*.   (2) *Idem*, fig. 2, *f*.

(3) Après des détails aussi intéressants, les jeunes élèves qui n'ont étudié l'histoire naturelle des insectes que dans des ouvrages élémentaires, doivent commencer à concevoir que, pour bien connaître les beautés de l'Entomologie, il est nécessaire d'avoir un guide comme notre immortel Réaumur. Si, pour se faire bien entendre, il s'étend quelquefois longuement sur certains sujets qu'il traite ; c'est parce que ce scrutateur des merveilles de la nature comprenait quelle importance acquéraient les plus petits objets envisagés philosophiquement.

2*

» Pendant que certains cousins nous piquent,
et dès qu'ils se préparent à nous piquer, ils
font voir encore quelque chose de plus. Il y
en a qui ont l'étui de leur trompe plus composé
que celui que nous venons de décrire. Made-
moiselle **** qui a fait des portraits si ressem-
blans et si finis, de la plupart des insectes que
nous avons fait graver, ne se plaît pas seulement
à faire leurs portraits, elle aime à connoître
le génie et l'industrie de ces petits animaux.
Pendant qu'elle étudioit les cousins, pour faire
les dessins qui sont gravés dans ce volume,
elle leur offroit volontiers une de ses mains;
ils paroissoient se connoître en peau, ils préfé-
roient ordinairement la sienne à la mienne. Pendant qu'elle observoit, à la loupe, un cousin
occupé à sucer son sang, elle crut lui voir
quatre longues antennes (1), et elle m'en avertit
sur le champ. Tous les cousins que nous avions
observés ne nous en avoient montré que deux;
aussi soupçonnâmes-nous que les deux antennes
qui paroissoient de plus n'étoient pas des antennes

(1) Voir pl. II, fig. 3, *a, a; pe, pe.*

que le cousin fît voir en tout temps, qu'elles n'étoient pas même de véritables antennes, qu'elles étoient des parties de l'étui des aiguillons. Nous ne pouvions manquer d'avoir envie de voir d'où venoient ces deux espèces d'antennes, et pour cela de nous faire piquer de nouveau, à quoi nous réussimes assez vite ; nous nous plaçames favorablement, c'est-à-dire, dans un endroit que d'autres auroient fui, et nous y eûmes bientôt un plaisir qui jusqu'ici n'a peut-être été connu que de nous, celui d'être tous deux piqués successivement par trois ou quatre cousins. Nous vîmes, comme nous l'avions déjà vu, que dès que le cousin étoit posé sur notre peau, il la tâtoit avec la petite pointe qu'il faisoit sortir du bout de l'étui, et qu'après avoir trouvé un endroit à son gré, il s'y fixoit ; mais ce que nous vîmes de plus, c'est que, dans l'instant même où le cousin de la nouvelle espèce s'étoit fixé, deux parties se détachoient de dessus l'étui de la trompe (1) ; elles étoient presqu'égales en longueur à cet étui ; il ne leur manquoit

(1) Voir pl. II, fig. 3, *pe, pe.*

que la longueur du bouton par lequel il est
terminé. Elles étoient l'une et l'autre dans toute
leur étendue, à-peu-près d'un même diamètre :
les deux pièces s'élevoient le plus qu'il leur
étoit possible, seulement un peu moins haut que
les deux grandes antennes, et cela, parce qu'elles
étoient arrêtées assez près de leur origine, par
ces deux corps placés au-dessus de la trompe,
que nous avons nommés les barbes.

» Quand on examine au microscope, une de
ces longues pièces, elle paroît cylindrique, et
peut-être l'est-elle alors ; mais il y a toute apparence que, quand elle est appliquée sur l'étui
de la trompe, elle a la figure d'un tuyau creux,
propre à embrasser une partie de la circonférence de cet étui, sans quoi l'une et l'autre
de ces pièces ne sembleroient pas faire corps
avec l'étui, comme elles paroissent le faire :
quelquefois elles y sont si exactement ajustées,
qu'on ne sçauroit les y reconnoître. Quand l'étui
est couvert de ces deux pièces, on le croit plus
gros qu'il ne l'est réellement ; mais il ne paroît
pas alors si rond qu'il le paroit lorsqu'elles le
laissent à découvert.

» Quelques cousins ont, pour étui de leur trompe, un seul tuyau, fendu en dessus dans toute sa longueur ; mais l'étui de la trompe de quelques autres cousins, a lui-même son fourreau fait de deux tuyaux, qui embrassent une grande partie de sa circonférence, et quelques trompes ont encore de particulier, que les deux derniers tuyaux sont si bien appliqués et si bien ajustés, qu'on ne sçauroit les distinguer du reste avec une bonne loupe, lorsqu'ils sont dans leur place naturelle ; leur bout est exactement posé et comme encadré contre le bouton. Mais ces deux pièces sont très-aisées à reconnoître sur les trompes de quelques autres cousins (1), lors même qu'elles y sont le mieux appliquées ; le bout de chacune de celles-ci s'écarte un peu de celui de la trompe, et ce qui le rend très-reconnaissable, c'est qu'il a une espèce de plumets de poils assez semblable, mais en petit, à celui de chaque antenne. Les cousins qui ont leurs antennes en plumes, sont les seuls qui ayent des poils en plume au bout de l'une et

(1) Voir pl. I, fig. 6.

de l'autre des pièces qui s'appliquent sur l'étui. Je n'ai point trouvé, à ces derniers cousins, les deux barbes qu'on trouve placées au-dessus de la trompe des autres cousins.

» Au reste, après que les deux pièces, qui fortifient le fourreau de la trompe, se sont élevées jusqu'à la tête, le cousin, à qui elles sont propres, achève de piquer, d'enfoncer son aiguillon, comme nous avons vu que le cousin, à qui ces deux pièces manquent, enfonce le sien ; je veux dire, que pendant que l'aiguillon pénètre dans la chair, qu'à mesure que la portion qui en est dehors, devient plus courte, l'étui se courbe de plus en plus, et cela jusqu'à se plier en deux.

» Si on nous demandoit pourquoi certains cousins n'ont pour étui de leur aiguillon, qu'un simple tuyau, qui peut s'entr'ouvrir presque tout du long en dessus, et pourquoi l'étui de la trompe de plusieurs autres cousins a lui-même une espèce de fourreau, on nous feroit une de ces questions auxquelles nous ne sommes nullement en état de satisfaire ; nous ne sommes

nullement en état de sçavoir pourquoi l'étui de
la trompe de certains cousins devoit être plus
solide que celui de la trompe de quelques autres ;
mais nous voyons, au moins, que dès qu'il y
avoit des étuis qui demandoient à être plus
solides que les autres, l'auteur de si petites,
mais si admirables machines, ne devoit pas
augmenter la solidité de ces étuis, en les rendant
plus épais, ou en les faisant d'une matière plus
roide ; ils eussent cessé d'être aussi flexibles
qu'ils ont besoin de l'être lorsque la trompe
s'introduit dans la chair. Le vrai moyen de
fortifier l'étui en lui laissant toute la souplesse
nécessaire, étoit d'appliquer dessus le tuyau
complet, des portions de tuyaux capables de le
défendre dans les temps ordinaires, et qui n'em-
pêcheroient pas cet étui d'être flexible lorsque
le cousin auroit besoin de le plier, parce qu'alors
ces deux pièces s'en séparent et s'élèvent (1).

(1) Quand on se livre à l'étude de l'histoire naturelle,
et que l'on ne peut découvrir l'usage d'un organe, on doit
toujours supposer que la nature avait de bonnes raisons
pour créer cet organe, car nous aurons souvent lieu de
remarquer qu'elle ne fait rien en vain.

» Enfin il y a des espèces de cousins, au moins il y en a une dont l'aiguillon, plus fort que celui des cousins des espèces les plus communes, n'a pas besoin d'être soutenu par le bouton de l'étui, pendant qu'il pique. J'en ai observé un de ceux-ci dans l'action ; il avoit posé le bout de l'étui à plus d'une ligne ou deux du trou percé par l'aiguillon, et il s'appuyoit sur cet étui comme s'il se fût appuyé sur une septième jambe ; l'étui faisoit alors un pli, un angle aigu qui imitoit l'articulation d'une jambe ; le sommet de cet angle étoit pris une fois plus proche de l'origine que du bout de l'étui. Ce cousin n'enfonça guères plus du tiers ou de la moitié de son aiguillon, dans ma chair, au lieu que les autres cousins font entrer leur aiguillon presque tout entier dans la chair dont ils veulent tirer le sang. Cet étui, sur lequel le cousin peut s'appuyer, a assez de solidité pour n'avoir pas besoin des deux pièces qui font un fourreau à beaucoup d'autres étuis. Le cousin avoit deux assez longues barbes au-dessus de sa trompe, terminées par un bout fait d'écailles blanches ; le reste de chaque barbe étoit couvert d'écailles brunes ; le corps étoit encore plus brun, mais le corcelet étoit rougeâtre. »

. . . .

. . . .

« La piqûre faite par une pointe aussi fine que l'est celle de l'aiguillon d'un cousin, devroit être presque insensible ; la pointe de la plus fine aiguille est, par rapport à celle de cet aiguillon, ce que la pointe d'une épée est par rapport à celle de cette aiguille. Une si légère blessure sembleroit devoir être fermée sur le champ, et ne devoir être suivie d'aucun accident fâcheux ; cependant des tumeurs quelquefois assés considérables, s'élèvent dans l'endroit qui a été piqué. Il n'y a aucune apparence que ces élevures soient, comme l'a voulu Leeuwenhoek, les suites naturelles d'une blessure faite par un instrument d'une figure particulière : mais c'est que la plaie n'est pas une simple plaie ; elle a été arrosée par une liqueur capable de l'irriter. On voit sortir cette liqueur en diverses circonstances, du bout de la trompe, on en voit sortir une petite goutte d'une eau très-claire ; j'ai quelquefois apperçu cette liqueur dans la trompe même ; quelquefois pendant que j'observois une trompe vis-à-vis le grand jour, et avec une forte loupe, j'ai vu, dans son intérieur, précisément ce qu'on voit dans des tubes capillaires de verre, dans des tubes tels que ceux des thermomètres, lorsque la liqueur, qui y a été introduite, se trouve partagée en diverses colonnes, par des bulles d'air qui s'y sont engagées.

» Mais pourquoi le cousin, qui n'a qu'à sucer notre sang, ne se contente-t-il pas de le sucer ? Cherche-t-il à nous faire du mal pour nous en faire ? Veut-il empoisonner la blessure qu'il nous fait ? S'il a des intentions, il n'en a pas de si mauvaises ; ou, pour parler plus exactement, ce que l'auteur du cousin a voulu, ce n'est pas précisément que ce petit insecte nous fît souffrir par ses piqûres, mais il a voulu que le cousin pût se nourrir du sang des animaux, du nôtre même ; et notre sang est apparemment trop grossier et trop épais pour lui. Nous avons vu ailleurs que les papillons et les mouches, pour mettre le miel des fleurs, pour mettre le sucre en état de passer dans leur trompe, sont obligés de délayer ces matières, que leur trompe verse dessus une eau qui les rend plus fluides. Il y a grande apparence que notre sang n'a pas le degré de fluidité qu'il doit avoir pour couler dans la trompe du cousin, qui, avant que de tenter de l'y faire entrer, le mêle avec une eau très-liquide (1). Cette eau d'ailleurs peut être nécessaire pour assaisonner le sang dont le cousin se nourrit. Ce n'est pas assez de faire entrer dans notre estomac des viandes hachées menu, ou broyées ; pour qu'elles puissent s'y bien digérer, elles doivent être imbibées de salive. Le cousin qui n'est pas pourvu de dents, et qui n'en doit pas avoir pour agir contre l'aliment

(1) On voit que l'auteur de la nature ayant à organiser des instruments extrêmement déliés et très-compliqués, y place, avec la même facilité, toutes les parties qui y sont nécessaires pour les faire fonctionner librement : il fallait que la trompe du cousin, déjà si petite pour contenir toutes les parties qui la font agir, contînt encore des vaisseaux qui pussent sécréter au besoin un liquide très-fluide ; cet auteur sublime a trouvé le moyen de les y placer.

liquide qu'il fait passer dans son estomac, imbibe cet aliment, notre sang, d'une liqueur propre à le faire fermenter ; nous nous trouvons mal de ce que cela doit être ainsi. »

Réaumur, après avoir décrit les procédés qu'il suivit pour connaître exactement la structure et la composition de l'aiguillon du cousin, conclut de ses recherches qu'il est composé de cinq pièces, dont deux sont faites comme des lames d'épées à trois quarts (ce sont celles dont les pointes sont recourbées et qui ont des dentelures sur la convexité de leur courbure); quant aux trois autres, elles sont plus ou moins pointues (1).

(1) Nous n'avons pas hésité à supprimer les pages dans lesquelles notre auteur rend compte des tentatives qu'il fit pour arriver à son but; parce que nous avons craint que ces détails ne parussent un peu longs à certains lecteurs. Nous avons préféré les renvoyer aux figures 6, 7, 8 et 10 de la planche II, et aux explications qui y sont jointes. Ces explications et ces figures suffiront pour leur donner une idée exacte de l'admirable organisation de cet aiguillon. C'est avec une vive curiosité qu'ils

Réaumur donne ensuite quelques détails sur les larves des cousins, il observe que les mares en fourmillent, depuis le mois de mai jusqu'au commencement de l'hiver, et conseille aux personnes qui voudraient avoir le plaisir de suivre les cousins, dès leur première origine, de tenir dans un jardin, ou dans une cour, un baquet plein d'eau : quelques semaines après, cette eau devant être peuplée de larves de cousins, il remarque que ce ne sera pas sans une grande surprise que l'on observera ces larves qui, bientôt devant se transformer en insectes ailés, viennent maintenant, la tête en bas, respirer l'air à la surface de l'eau, au moyen d'un conduit dentelé et évasé en forme d'entonnoir qu'elles ont au derrière (1);

verront, grossies au microscope, ces pièces, presque imperceptibles à l'œil nu, faites avec tant de perfection pour remplir les fonctions auxquelles la nature les a destinées.

(1) La figure 4 de la planche II, avec les explications, feront connaître suffisamment la merveilleuse organisa-

ensuite, il décrit les signes extérieurs qui peuvent servir à classer ces larves (1), et poursuit ainsi :

« Les auteurs qui ont publié des observations sur les cousins, paroissent avoir négligé de les

tion de ces larves ; c'est pourquoi nous avons encore supprimé les pages du Mémoire de Réaumur qui en font mention. Le lecteur, au premier examen qu'il fera de la figure 4, verra encore une fois combien la sage nature veille au besoin des moindres insectes : si elle a mis la larve du cousin dans l'obligation de vivre la tête en bas, elle a su lui rendre commode cette singulière situation : l'évasement de l'extrémité de son canal, se présentant à sec hors de l'eau, suffit pour l'y soutenir tant qu'elle le tient ouvert ; si elle veut plonger, elle le ferme aussitôt.

(1) Nous n'avons pas reproduit quelques explications que Réaumur donnait pour classer les larves du cousin ; parce qu'à l'époque à laquelle ce naturaliste écrivait, l'anatomie comparée avait fait trop peu de progrès pour que l'on pût établir une classification aussi rationnelle que celle adoptée de nos jours ; il est vrai de dire aussi que Réaumur paraissait attacher peu d'importance aux légères variétés que l'on observe d'un insecte à l'autre : ce profond observateur envisageant l'histoire des insectes, sous son point de vue philosophique ; il ne lui restait pas assez de temps à sacrifier à l'étude de la classification. Cette tâche a été remplie avec beaucoup de succès par nos entomologistes modernes.

suivre pendant le cours de leur vie, ils paroissent s'être contentés de les observer dans les
états qui leur donnent des formes différentes.
Ce qui le prouve, c'est que je ne me souviens
pas d'avoir lu dans aucun auteur, que le ver
du cousin change de peau ; cependant, comme
les chenilles, et beaucoup d'autres insectes, il
quitte, plusieurs fois dans sa vie, une dépouille
complette, avant que de se défaire de celle qu'il
doit laisser pour paroître transformé. Lorsqu'il
veut quitter une dépouille, il se met à la surface
de l'eau, dans une position différente de celle
où il avoit coutume de s'y tenir ; il y est d'abord
alongé et étendu, ayant le dos en dessus ; il
se recourbe ensuite un peu, il enfonce sa tête
et sa queue sous l'eau, à fleur de laquelle est
son premier anneau, celui qu'on peut appeler
le corcelet. Cet anneau se fend alors, bientôt
la fente se prolonge sur un ou deux des anneaux
qui le suivent, et, dans l'instant, cette fente
devient assez considérable pour laisser sortir
le corcelet du ver, et successivement toutes ses
parties, qui paroissent, au jour, couvertes d'une

peau plus tendre que celle dont elles viennent de se retirer. Au reste, la dépouille que le ver laisse alors, est très-complette, il n'y manque rien de ce que l'extérieur du ver nous montre. J'ai reçu des observations manuscrites sur divers insectes, et en particulier sur les cousins, d'un savant chartreux, qui se plaît et s'occupe à admirer les ouvrages de l'Eternel, dans le temps où il cesse de chanter ses louanges; il a étudié les cousins plus constamment que ne l'ont fait les auteurs qui en ont parlé : aussi, non-seulement a-t-il vu que leurs vers quittent des dépouilles, il s'est assuré qu'ils en laissent trois, outre les deux dernières, qui sont suivies de changemens dans la forme de l'insecte. Si ces pieux solitaires, qui composent tant de nombreuses communautés, avoient, comme dom Allou (c'est le nom du chartreux que je viens de citer, et que j'aurai à citer encore plusieurs fois, soit dans ce Mémoire, soit dans d'autres); si, dis-je, ces pieux solitaires avoient, comme dom Allou, le goût d'observer les insectes, nous pourrions espérer que les faits les plus essentiels de l'histoire de ces petits animaux, nous seroient bientôt connus. Quel délassement ces religieux se pourroient-ils proposer, plus digne de l'état qu'ils ont embrassé, que celui qui mettroit sous leurs yeux, les merveilleuses productions d'une puissance sans bornes? Alors leur loisir même les porteroit à adorer cette puissance, et leur fourniroit de quoi la faire adorer plus souvent par ceux qui en sont distraits par trop d'occupations, soit sérieuses, soit frivoles (1).

» Après avoir changé trois fois de peau dans quinze jours ou trois semaines, plus tôt ou plus tard, néanmoins selon que la saison a été plus ou moins favorable, le ver est en état de quitter une nouvelle dépouille; il s'en défait précisé-

(1) Nous approuvons, sans aucune restriction, l'opinion émise ici par notre auteur ; si ses vœux étaient exaucés, si nos jeunes ecclésiastiques se livraient avec zèle à cette science si belle et si morale (quand elle est étudiée à son point de vue philosophique), les résultats en seraient des plus importants : cette connaissance profonde qu'ils acquerraient de la puissance de Dieu, affermirait leur croyance, et ils n'en seraient que plus aptes à donner à notre jeune génération une idée élevée de son pouvoir infini.

ment, comme il s'est défait des autres, et avec la même facilité. Cependant, après avoir quitté celle-ci, il n'est plus le même qu'il étoit au paravant, il a changé de forme et d'état ; ainsi le ver du cousin n'est pas de ceux qui se font une coque de leur propre peau quand ils veulent se transformer. Lorsque cet insecte passe à un nouvel état, il se défait de la peau de ver comme s'en défont diverses espèces de nymphes qui doivent devenir des mouches à quatre ailes, et comme les chrysalides, qui donnent des papillons, se défont de la peau de chenille. L'insecte qui doit devenir cousin, avoit, dans son premier état, une forme oblongue ; dans celui qu'il vient de prendre, il y en a une raccourcie et arrondie. Le corps est contourné de façon que la queue est appliquée contre le dessous de la tête, et que la masse totale semble lenticulaire. Regardons-la aussi pour un moment, comme ayant la forme d'une lentille : cette espèce de lentille n'est pas posée à plat dans l'eau, le plan qui passe par sa circonférence, est dans un plan vertical. Cette lentille ne ressemble pourtant pas, par son lisse, et par l'uniformité de ses surfaces, à nos lentilles de verre ; ses bords sont plus épais dans une partie de sa circonférence, que dans l'autre. La partie qui est la plus épaisse est en dessus. Mais par où cette lentille animée paroit d'abord plus différer des lentilles de verre, c'est que de sa partie la plus élevée et la plus épaisse, partent deux sortes de cornes, ou plutôt deux cornets, qui ont l'air d'oreilles d'âne ; l'endroit d'où partent ces espèces d'oreilles, est celui où doit être, par la suite, le corcelet de la petite mouche. En prenant ces cornes pour terme, un des côtés a, d'espace en espace, des entailles qui marquent les anneaux du corps, et ce côté est le dos, et la partie postérieure. L'autre côté n'a point de pareilles entailles, c'est celui où est la tête.

» Ce n'est pourtant que quand l'insecte est en repos, qu'il a une figure lenticulaire ; il peut se mouvoir, il peut nager aussi vite sous sa nouvelle forme, qu'il nageoit sous celle de ver ; quand il nage, il déplie la partie (1) de son

(1) Voir pl. I, fig, 2.

corps, qui, dans le temps de repos, est recourbée
en dessous, et dont le bout est ramené jusqu'à
la tête. Ce sont les coups subits que cette partie
dépliée donne contre l'eau, qui y font mouvoir
l'insecte, qui l'y font enfoncer, et aller à droite
ou à gauche. Lorsqu'il se donne de pareils
mouvemens, il a une figure alongée ; sa queue
est d'autant plus capable d'agir contre l'eau,
qu'elle est munie de nageoires (1) ou de palettes
ovales, semblables à celles que nous avons fait
observer au bout du tuyau, par lequel le ver
rejette ses excrémens. »

. . . .

« Le cousin sous la forme de nymphe, comme
sous celle de ver, aime, non-seulement à se
tenir à la surface de l'eau, il s'y tient même
plus volontiers ; sa légéreté l'y porte naturellement ; il est obligé de donner des coups de
queue quand il veut descendre sous l'eau, et
dès qu'il cesse de se donner du mouvement,
il est reporté à la surface. Dans son nouvel état
il n'a plus besoin de prendre de nourriture, et

(1) Voir pl. I, fig. 2.

il n'a plus d'organes propres à la recevoir ; mais il a autant, ou plus de besoin de respirer l'air, qu'il en avoit auparavant. Ce que sa métamorphose nous offre aussi de plus singulier, mais qui ne nous doit pas paroître absolument nouveau, c'est la différente position des organes par lesquels il respire (1). Pendant que l'insecte étoit ver, c'étoit par le long tuyau (2) qu'il avoit à sa partie postérieure, qu'il recevoit ou qu'il chassoit l'air. En se défaisant de sa peau de ver, il a perdu ce tuyau jusqu'au bout duquel s'étendoient ses principales trachées. Les deux espèces d'oreilles (3) qui s'élèvent sur le corcelet de la nymphe, sont pour elle ce que le long

(1) Ne nous lassons pas d'admirer ces curieuses métamorphoses si multipliées chez les insectes. Quoique les trois états par lesquels la plupart passent avant d'arriver à celui où ils peuvent engendrer et se reproduire, soient considérés chacun comme un développement, ou, pour mieux dire, une sorte de déboîtement de celui qui précédait ; de sorte que la larve contient, sous différentes enveloppes, la nymphe, qui, à son tour, recouvre l'insecte parfait ; ces transformations successives n'en sont pas moins un des plus surprenants phénomènes de l'organisation animale.

(2) Voir pl. II, fig. 4, r.　　(3) Voir pl. I, fig. 2.

tuyau de la queue étoit pour le ver ; aussi la nymphe tient-elle toujours au-dessus de la surface de l'eau, les bouts de ces deux oreilles, qui sont ses stigmates antérieurs. Si on se rappelle ce que nous avons dit ailleurs des cornes qui poussent aux coques dans lesquelles les vers à queue de rat se transforment, on jugera que les deux oreilles de la nymphe du cousin sont analogues aux quatre cornes de ces coques ; ces cornes sont essentielles à notre nymphe pour respirer l'air, sans elles elle périroit. Le long tuyau de la queue du ver du cousin servoit au même usage, aussi ne puis-je concevoir comment Swammerdam, après avoir bien connu les fonctions de ce tuyau, a avancé qu'il n'est pas absolument nécessaire au ver, qu'il ne l'a que pour sa commodité ; la preuve qu'il en a voulu donner, est que lorsque l'insecte se métamorphose, il se défait de ce tuyau. Les dents n'auroient aussi été accordées aux chenilles, que pour une simple commodité, car quand ces insectes deviennent chrysalides, ils perdent les dents de chenilles. Notre insecte, en devenant nymphe, a perdu aussi les parties qui servoient à le nourrir pendant qu'il étoit cousin ; ces parties ne lui étoient-elles que commodes ? Pour appuyer une proposition si extraordinaire, il auroit fallu que Swammerdam eût pu assurer qu'il avoit fait vivre des vers auxquels il avoit retranché la queue, ce qu'il ne dit point avoir tenté, et qui ne lui eût pas réussi apparemment.

» J'ai toujours eu, à la fois, dans le même vase, un trop grand nombre d'insectes qui devoient devenir des cousins, pour pouvoir m'assurer combien de temps chacun d'eux passoit sous la forme de nymphe ; il m'a paru que c'étoit environ huit à dix jours, et cela cependant selon la saison, selon que l'eau a été plus ou moins chaude. Je sçais au moins que dans le mois de mai, l'insecte est en état de devenir ailé, environ trois semaines après sa naissance : avant la fin de ce mois, j'ai vû sortir de leurs dernières dépouilles, beaucoup de cousins, dont les vers n'avoient commencé à paroitre que les premiers jours du même mois. Dom Allou rapporte qu'il a vû de ces insectes qui ne se sont mét amorphosés en cousins, que quatre semaines après être sortis de l'œuf, et qu'il en a vu d'autres devenir cousins onze à douze jours après leur naissance.

» Si le grand nombre des nymphes de cousins que j'ai eues à la fois dans mes baquets, m'a empêché de pouvoir m'assurer du temps précis qu'elles restent sous cette forme, il m'a, en revanche, mis à portée de voir et de revoir, cent et cent fois de ces insectes, pendant que leur dernière transformation s'accomplissoit ; de voir cent et cent fois naître des cousins, de les voir se tirer de l'enveloppe qui leur donnoit la forme de nymphe. Cette métamorphose se fait très-vite, et elle est accompagnée de quelques circonstances propres à intéresser l'attention d'un observateur. Quand il s'est procuré un baquet bien peuplé de vers de cousins, ou, ce qui par la suite, est la même chose, de nymphes, il vient un temps où, à toutes les heures du jour, il peut voir de ces petits insectes aquatiques, dans l'instant où ils passent à l'état d'habitans de l'air ; il y en a pourtant plus qui deviennent ailés vers le midi, qu'aux autres heures. L'insecte qui est parvenu au moment où ses enveloppes ne lui sont plus nécessaires, et qui veut s'en tirer, se tient, comme auparavant, en repos à la surface de l'eau ; mais au lieu que dans les autres temps où il ne changeoit pas de place, la partie postérieure de son corps étoit contournée et comme roulée en dessous, alors il redresse cette partie, il la tient étendue à la surface de l'eau, au-dessus de laquelle son corcelet est élevé. A peine a-t-il été un moment dans cette position, qu'en gonflant les parties intérieures et antérieures de son corcelet, il oblige sa peau de se fendre assez près de ces deux stigmates, ou même entre ces deux stigmates, qui ont la figure d'oreilles ou de cornets. Cette fente n'a pas plus tôt paru, qu'on la voit s'alonger et s'élargir très-vite, elle laisse à découvert une portion du corcelet du cousin, aisée à reconnoître par la fraîcheur de sa couleur, qui d'ailleurs est verdâtre, et différente de celle de la peau qui l'enveloppoit auparavant.

» Dès que la fente a été assez agrandie, et

4*

l'agrandir assez est l'affaire d'un instant, la partie antérieure du cousin ne tarde pas à se montrer ; bientôt on voit paroître sa tête, qui s'élève au - dessus des bords de l'ouverture. Mais ce moment et ceux qui suivront jusqu'à ce que le cousin soit entièrement hors de sa dépouille, sont des momens bien critiques pour lui, des momens où il court un terrible danger. Cet insecte qui vivoit dans l'eau, qui seroit péri si on l'en eût tenu dehors pendant un temps assez court, a subitement passé à un état où il n'a rien autant à craindre que l'eau. S'il étoit renversé sur l'eau, si elle touchoit son corcelet ou son corps, c'en seroit fait de lui. Voici comment il se conduit dans une situation si délicate. Dès qu'il a fait paroître sa tête et son corcelet, il les élève autant qu'il peut au-dessus des bords de l'ouverture qui leur a permis de paroître au jour. Le cousin tire la partie postérieure de son corps vers la même ouverture, ou plutôt cette partie s'y pousse en se contractant un peu, et s'alongeant ensuite ; les rugosités de la dépouille dont elle s'efforce de sortir, lui donnent des appuis. Une plus longue portion du cousin paroit donc à découvert, et en même temps la tête s'est plus avancée vers le bout antérieur de la dépouille ; mais à mesure qu'elle s'avance vers ce côté, elle se redresse, elle s'élève de plus en plus (1) ; le bout antérieur du fourreau et son bout postérieur se trouvent donc vuides. Le fourreau alors est devenu pour le cousin une espèce de bateau dans lequel l'eau n'entre point, et où il seroit bien dangereux qu'elle entrât ; elle ne sçauroit trouver de passage pour arriver au bout postérieur, et les bords de la fente du bout antérieur ne sçauroient être submergés, que lorsque ce bout est considérablement enfoncé. Le cousin est lui-même le mât du petit bateau qui le porte. Les grands bateaux qui doivent passer sous des ponts, ont des mâts qu'on peut coucher ; dès que le bateau est hors du pont, on hisse son mât, en le faisant passer successivement par différentes inclinaisons, on l'amène à être perpendiculaire au plan horizontal. Le cousin s'élève ainsi successivement jusqu'à de-

(1) Voir pl. I, fig. 4.

venir lui-même le mât de son petit bateau, et un mât posé verticalement. Toute la différence qu'il y a ici, c'est que le cousin est un mât qui devient plus long à mesure qu'il s'élève davantage ; à mesure qu'il s'élève, une nouvelle partie du corps sort du fourreau : quand il est parvenu à être presque dans un plan vertical, il ne reste plus dans le fourreau qu'une portion assez courte de son bout postérieur. On a peine à s'imaginer comment il a pu se mettre dans une position si singulière, qui lui est absolument nécessaire, et comment il peut s'y conserver. Ni ses jambes ni ses ailes n'ont pu l'aider en rien ; celles-ci sont encore trop molles, et comme empaquetées, et les autres sont étendues et couchées tout du long du ventre ; ses anneaux seuls ont pu agir. Le devant du bateau est beaucoup plus chargé que le reste, aussi a-t-il beaucoup plus de volume. L'observateur qui voit combien ce devant de bateau enfonce, combien ses bords sont près de l'eau, oublie dans l'instant que le cousin est un insecte auquel il donnera volontiers la mort dans un autre temps ; il devient inquiet pour son sort, et il le devient bientôt davantage, pour peu qu'il s'élève de vent, pour peu que ce vent agisse sur la surface de l'eau. On voit pourtant d'abord avec plaisir la petite agitation de l'air, qui suffit pour faire voguer le cousin avec vitesse ; il est porté de différens côtés, il fait différens tours dans le baquet. Quoiqu'il ne soit que comme une espèce de bâton ou de mât, parce que les ailes et les jambes sont appliquées contre le corps, il est peut-être, par rapport à son petit bateau, une voilure beaucoup plus grande qu'aucune de celles qu'on ose donner à un vaisseau. On ne peut s'empêcher de craindre que le petit bateau ne soit couché sur le côté ; ce qui arrive quelquefois dans des temps ordinaires, et très-souvent, lorsque les cousins se transforment dans des jours où le vent a trop de prise sur la surface de l'eau du baquet. Dès que le bateau a été renversé, dès que le cousin a été couché sur la surface de l'eau, il n'y a plus de ressource pour lui. J'ai vû quelquefois l'eau toute couverte de cousins qui, par cet accident, avoient péri en naissant. Il est pourtant plus ordinaire que le cousin parvienne à finir son opération heureusement, elle n'est pas de longue durée; tout le danger peut être passé dans une minute.

» Le cousin, après s'être dressé perpendiculairement, tire ses deux premières jambes du fourreau, et il les porte en avant; il tire ensuite les deux suivantes; alors il ne cherche plus à conserver sa position gênante, il se penche vers l'eau, il s'en approche, il pose dessus ses jambes; l'eau est pour elles un terrein assez ferme et assez solide, qui sans céder trop, peut les soutenir, quoique chargées du corps de l'insecte. Dès que le cousin est ainsi sur l'eau, il y est en sûreté, ses ailes achèvent de se déplier et de se sécher, ce qui est fait plus vite qu'on ne peut le dire; enfin le cousin est en état d'en faire usage, et bientôt on le voit s'envoler, sur tout si on tente de le prendre. Je ne sçais s'il est arrivé à Swammerdam de saisir des cousins dans l'instant où ils se dégageoient du fourreau de nymphe; ce qui m'en fait douter, c'est qu'il dit, qu'après avoir fait fendre leur fourreau, ils y laissent sécher leurs ailes ; il est pourtant vrai qu'aussitôt que le fourreau s'est fendu, le cousin en sort (1).

» Le cousin qui vient de naître a le corps blanchâtre, et le corcelet verdâtre ; mais ces couleurs prennent bientôt des nuances plus brunes. Il n'en est pas de même des couleurs des yeux, ceux qui doivent être verds, sont, comme ils seront par la suite, du plus beau verd ; vûs cependant dans certains sens, ils paroissent rouges ou rougeâtres. Dom Allou, qui a fait cette dernière remarque, en rend une très-bonne raison; il dit que les mailles du rézeau sont rouges, et que chaque maille a au milieu une petite convexité, une petite cornée, qui est comme une petite éméraude. Quand nous voyons l'œil du cousin de face, ou en un certain

(1) Après la lecture de pareilles pages, notre admiration est partagée entre l'auteur de la nature qui a su, par sa toute-puissance, transmettre, de génération en génération, un instinct si remarquable à ces petits êtres, et l'immortel Réaumur qui nous donne, à chaque page, des preuves d'une sagacité et d'une patience sans exemple pour observer les plus petits faits qui se passent chez les insectes.

sens, ce sont les petites émeraudes, qui seules font impression sur nos yeux ; mais l'œil du cousin étant regardé obliquement, des rayons réfléchis par les mailles, sont en état de parvenir à nos yeux.

» On ne doit pas être bien aise d'apprendre que les cousins sont des insectes qui se multiplient prodigieusement ; car nous ne sçavons pas assez ce que nous gagnons à leur multiplication, et nous sçavons combien elle nous est incommode. Outre qu'ils sont féconds, il y en a plusieurs générations dans une année ; s'il ne faut à chaque génération qu'environ trois semaines, ou un mois, pour être en état de donner naissance à une nouvelle génération, il y a de quoi être effrayé du nombre des cousins qui doivent être produits par an. Quand la première génération ne seroit en état d'en donner une seconde que vers la fin de mai, et quand la dernière génération seroit celle de la fin d'octobre, il y auroit au moins six à sept générations par an ; or chaque femelle donne naissance à deux cent cinquante, ou à trois cents, ou même à trois cent cinquante cousins. Mais heureusement ils sont destinés à nourrir beaucoup d'autres animaux ; les oiseaux ne les épargnent pas, et ce n'est peut-être que lorsqu'ils commencent à devenir trop rares, que les hirondelles nous quittent.

» Ce qu'il y a de certain, c'est que peu de jours après que l'on a vû les nymphes d'un baquet se transformer en cousins, on peut voir dans le même baquet, une semence propre à remplacer avec usure, les insectes qui en sont sortis. Qu'on regarde avec quelque attention la surface de l'eau de ce baquet, et on y verra nager les œufs que les femelles y ont laissés. Ceux qui ont été pondus par chaque femelle, sont tous réunis dans un petit tas ; ce petit tas d'œufs sera vû assurément avec plaisir. Ils forment ensemble un petit radeau ; ou, pour ne point rejeter une comparaison convenable, précisément parce que nous l'avons déjà employée, ils forment ensemble un petit bateau, mais un bateau d'une toute autre structure que celui qui soutenoit le cousin lorsqu'il a paru au jour. Celui que nous voulons faire connoître (1) n'a point de mât, il a de commun avec les bateaux ordinaires, d'avoir ses deux bouts pointus, et d'en avoir un des deux qui l'est moins que l'autre, et de les avoir un peu plus relevés que le reste ; mais c'est un bateau auquel il ne faut pas chercher de bords. Les œufs de l'assemblage desquels il est formé, ont chacun la forme d'une quille ; ces quilles sont posées le gros bout en bas, les unes contre les autres, leurs pointes sont à la surface supérieure du bateau (2), qui est toute hérissée (3).

(1) Voir pl. I, fig. 1.   (2) *Idem*, fig. 1.

(3) Nous ne pouvons résister au désir que nous avons de nous arrêter un instant sur ce fait d'histoire naturelle, car seul, il suffirait pour nous donner la plus haute idée de l'auteur de toutes choses. Résumons, le plus brièvement qu'il nous sera possible, tout ce qui concourt à la construction de ces jolis petits bateaux :

Trois cents à trois cent cinquante œufs, munis chacun d'une espèce de bouchon pour faciliter la sortie de l'insecte ; ces œufs disposés, par la femelle du cousin, avec un tel ordre, que l'on pourrait croire qu'elle connaît, théoriquement, la meilleure forme à donner à un bateau pour qu'il puisse voguer avec facilité sur l'eau ; une espèce de colle insoluble dans l'eau (ce qui était indispensable), donnée à la femelle exprès pour maintenir ses œufs les

» Ce petit bateau paroît avoir été inconnu à plusieurs auteurs qui ont donné des observations sur les cousins, comme à Hook, à Leeuwenhoek, à Blankard et à Swammerdam, etc. Ce dernier même, et quelques autres, parlent des cousins comme s'ils laissoient leurs œufs dispersés un à un sur la surface de l'eau. M. Pierre Paul Sangallo a pourtant fort bien décrit la forme de ce bateau, dans une lettre adressée à M. Redi, et imprimée à Florence en 1679, dont le P. Bonanni a donné un extrait dans le sixième chapitre de sa Micrographie curieuse. M. Barth a aussi très-bien observé ce petit bateau. Mais personne ne l'a mieux vû que Dom Allou, qui a même pris soin de le dessiner. Je ne connois néanmoins

uns contre les autres perpendiculairement ; l'instinct accordé à la mère qui sait, sans doute, que ses œufs, pour réussir, ne doivent être immergés qu'à l'un de leurs bouts, et qui n'ignore pas que c'est par ce bout que ses petits sortiront ; puisqu'elle a toujours le soin de les placer les ouvertures en bas, afin qu'ils tombent dans l'eau tout naturellement. Ah ! nous en faisons l'aveu sincère, toutes les fois que nous avons lu les faits qui se rattachent à la ponte du cousin, nous avons toujours été rempli d'une nouvelle admiration pour l'auteur de ces merveilles.

aucun ouvrage où on l'ait fait graver, et où l'on ait bien décrit la forme de chacun des œufs, de l'assemblage desquels le bateau est composé. Chaque œuf peut être détaché assez aisément de ceux contre lesquels il est appliqué, et légèrement collé. Quand on considère avec un microscope, ou avec une loupe forte, celui qu'on a séparé des autres, on reconnoît que sa forme n'est pas précisément celle d'une quille, son gros bout (1) s'arrondit, et vient brusquement se terminer par un col court, semblable à celui qu'ont certains flacons à liqueur. Le bout de cette espèce de col, est rebordé, et semble avoir un bouchon. Le col de chacun des petits œufs entre dans l'eau, au-dessus de laquelle le bateau flotte, car il est à remarquer que le bateau doit flotter sur l'eau; si les œufs étoient submergés, les vers n'écloroient pas. L'insecte qui est dans l'œuf est entouré de la liqueur propre à l'œuf, et quand il se dégagera de celle-ci, il trouvera l'eau toute prête à l'entourer de toutes parts.

(1) Voir pl. I, fig. 3.

» Les œufs qui ne viennent que d'être pondus, sont tout blancs ; peu-à-peu ils prennent des nuances de verd, au bout de quelques heures ils sont verdâtres ; mais ils deviennent ensuite grisâtres, et ils le sont en moins d'une demi-journée. Rien n'a plus excité ma curiosité, dans l'histoire du cousin, que le joli arrangement de ces œufs, qui forment ensemble un petit bateau. Inutilement ai-je cherché à m'instruire sur la manière dont cet insecte parvient à les arranger si bien, et à en faire une masse qui flotte sur l'eau ; inutilement, dis-je, l'ai-je cherché dans les auteurs à qui ce petit bateau n'a pas été inconnu. Dom Allou est le seul qui m'ait paru avoir observé le cousin dans la ponte ; mais je souhaitois voir moi-même tout ce qu'il avoit vû, et quelque chose de plus. Il n'y avoit pas à douter que le cousin ne fît sortir ses œufs les uns après les autres : or comment peut-il parvenir à placer un œuf fait en quille, sur la surface de l'eau ? Comment peut-il venir à bout de l'y faire tenir droit, de l'empêcher de s'y coucher ? Si l'œuf s'y couche, comment le cousin

5*

parviendra-t-il à le redresser ? Il me paroissoit qu'il devoit y avoir en tout cela bien de l'industrie, et quelque méchanique qui méritoit d'être vûe ; aussi ai-je fait tout ce qui a dépendu de moi, pour surprendre quelque cousin dans le temps de sa ponte. Quelquefois lorsque j'allois observer l'eau de mes baquets, j'y trouvois des bateaux d'œufs encore tout blancs, qui me faisoient regretter de n'avoir pas été visiter les baquets plus tôt. Ce furent pourtant ces mêmes bateaux encore blancs, qui m'apprirent qu'il y avoit pour cette observation, une heure favorable que je n'avois point connue ; c'étoit sur tout à midi ou quelques heures soit auparavant, soit après, ou même sur le soir, que j'avois d'abord cherché à voir pondre des cousins. Des masses d'œufs encore blancs ou blanchâtres, que je trouvai à neuf heures du matin, m'avertirent qu'il falloit m'y prendre de meilleure heure. Vers la fin de mai je laissai le travail du cabinet dès six heures du matin, pour aller observer les cousins ; la liqueur du thermomètre étoit à $13°\frac{1}{2}$. Je ne manquai pas de trouver sur l'eau

des cousins occupés à l'opération dans laquelle
je les voulois, et cela pendant trois ou quatre
jours de suite, c'est-à-dire, jusqu'à ce que
ma curiosité eût été pleinement satisfaite ; car je
ne vis pas tout ce que j'avois besoin de voir,
dés le premier jour. Ce jour-là, en arrivant,
je commençai par voir plus de trente paquets
d'œufs qui venoient d'être pondus ; mais heureusement je remarquai un cousin dont la ponte
n'étoit pas encore finie. Ce cousin avoit ses
quatre jambes antérieures cramponnées sur un
fragment de feuille (1) placé contre les bords
du baquet, son corps étoit en dehors de cette
feuille, et son pénultième anneau touchoit l'eau.
Un paquet d'œufs qui étoit posé auprés de son
derrière, et qui n'avoit pas encore le volume
des paquets ordinaires, m'apprit que la ponte
étoit avancée, mais qu'elle n'étoit pas encore
finie. Le cousin occupé de son importante opération, ne fut point troublé par ma présence ;
il me permit même de m'approcher assez prés
de lui pour le considérer avec une forte loupe.

(1) Voir pl. I, fig. 5.

Bientôt je sçus comment il parvenoit à poser ses œufs perpendiculairement à la surface de l'eau, et comment il parvenoit à les arranger. C'est son derrière qui fait tout, par rapport à l'un et à l'autre article. Nous avons dit que le pénultième anneau du corps touchoit l'eau, et nous devons dire à présent que le dernier anneau, celui où est l'anus, formoit, avec le reste du corps, une espèce de crochet, pour s'élever un peu au-dessus de la surface de l'eau. Du derrière ainsi contourné, je vis bientôt sortir un œuf; je vis qu'il sortoit dans une direction différente de celle dans laquelle sortent ordinairement les œufs des autres insectes; ceux-ci sont poussés horizontalement, ou même en bas, et celui-là étoit poussé en haut, dans une direction verticale. Cet œuf sortoit ainsi tout près de la nichée des œufs dejà mis au jour. Dès qu'il étoit entièrement, ou presque entièrement sorti, le cousin n'avoit qu'à l'appliquer contre ceux du petit bateau, dont il étoit le plus proche, car cet œuf, comme ceux de presque tous les insectes, étoit sans doute enduit d'une matière gluante, propre à le coller aux corps contre lesquels il seroit appliqué.

» De pondre un œuf et de le mettre en place, est pour le cousin l'affaire d'un instant, et dès qu'il en a pondu un, il en fait sortir un autre de son corps. Le cousin que j'observois fit ainsi, sans interruption, plus de trente œufs en moins de deux minutes ; soit que sa ponte fût alors finie, soit qu'enfin il eût été inquiété par ma présence, il s'envola et laissa sur l'eau le petit bateau flottant, mais dont le contour n'étoit pas aussi régulier que l'est celui de la plupart des autres bateaux d'œufs. J'eus beau chercher alors, je ne pus trouver aucun autre cousin occupé à pondre. Cependant je n'avois pas vû encore tout ce qui est essentiel à cette opération ; j'avois été assez instruit de la manière dont le cousin parvient à poser chaque œuf perpendiculairement à la surface de l'eau, et à l'attacher contre la masse composée des œufs déjà sortis ; mais il restoit à sçavoir comment il pouvoit soutenir cette masse sur l'eau, lorsqu'elle a encore trop peu de base par rapport à sa hauteur, comment il parvenoit à y soutenir le premier œuf, ou un assemblage seulement de deux ou trois œufs. Des cousins que j'allai observer les jours suivans dès les six heures du matin, ou plus tôt, me donnèrent sur tout cela des éclaircissemens complets ; j'en trouvai d'occupés à pondre, j'en trouvai dont la ponte étoit très - avancée , et d'autres dont elle l'étoit très-peu. Ces derniers m'instruisirent suffisamment sur ce qui se passe dans l'instant où les premiers œufs sont mis au jour, ce qui est un instant très-difficile à saisir. Entre les cousins que j'observai dans cette opération, qui leur attiroit mes regards, j'en vis plusieurs qui avoient leur quatre premières jambes cramponnées contre les parois du baquet, et d'autres qui, comme le premier dont j'ai parlé, s'étoient posés sur un fragment de feuille flottant ; le corps des uns et des autres étoit étendu sur la surface de l'eau, et la touchoit seulement par une portion de son pénultième anneau. Mais ce qui étoit plus essentiel à remarquer, c'étoit la position des deux dernières et plus longues jambes, ou plutôt les positions ;

car j'en observai deux différentes. Les cousins dont la ponte étoit presque finie, dont le petit bateau étoit presque achevé, avoient ces deux longues jambes étendues, et presque parallèles l'une à l'autre (1). Le bout de chacune étoit étendu à la surface de l'eau, et même un peu élevé au-dessus ; mais elles étoient toutes deux un peu enfoncées dans l'eau auprès du derrière, elles étoient forcées à l'être par un poids ; ce poids étoit celui du petit bateau : ce petit bateau étoit, pour ainsi dire, sur le chantier, il n'étoit point abandonné à l'eau ; les deux jambes, comme deux longues poutres, le soutenoient à la surface de l'eau, ou au-dessus ; le cousin soutient ainsi ce bateau tant qu'il a des œufs à lui ajouter, il ne le met à flot que lorsqu'il ne lui en manque aucun.

» Les cousins dont la ponte étoit encore peu avancée, dont le bateau n'avoit pas encore la moitié de sa longueur, me firent voir leurs jambes dans une position différente de celle dont nous venons de parler ; les jambes se croisoient l'une

(1) Voir pl. I, fig. 5.

l'autre, elles formoient un **X** ; et l'endroit où elles se croisoient, étoit d'autant plus près de l'anus, que l'assemblage d'œufs étoit plus petit, ou que la portion de bateau étoit plus courte ; l'angle intérieur que faisoient les jambes, soutenoit cette petite masse d'œufs. De là il est aisé d'imaginer que lorsque le cousin fait son premier œuf, les jambes sont croisées très-près du derrière, et à portée de soutenir cet œuf ; qu'elles soutiennent de même les œufs qui sont successivement collés contre celui-ci ; qu'à mesure que la masse d'œufs s'alonge, l'endroit où les jambes se croisent, devient plus éloigné du derrière, et qu'enfin les deux jambes se posent parallélement l'une à l'autre, quand le bateau est à moitié, ou plus d'à moitié fait ; et qu'ainsi, depuis que le premier œuf est pondu, jusqu'à ce qu'ils le soient tous, ils sont toujours soutenus. Ce n'est que quand la ponte est finie, que le cousin abandonne le petit bateau, qui est en état de voguer sans risque.

» Si l'on met un de ces petits bateaux dans un verre plein d'eau, au bout de deux jours, tantôt plus tôt, tantôt plus tard, on verra nager dans cette eau, quantité de petits insectes, qui, examinés à la loupe, seront aisés à reconnaître pour des vers de cousins; rien ne leur manquera, par rapport à la figure. C'est par le bout inférieur de l'œuf que chaque ver en sort; dès qu'il est né, il se trouve dans l'eau où il doit croître. Chaque nichée est composée d'environ deux cent cinquante, ou de trois cents, ou même de trois cent cinquante œufs, qui ordinairement donnent chacun un ver. Les bateaux composés de coques vides, restent sur l'eau, et ce n'est qu'avec le temps qu'ils sont détruits » (1).

(1) Réaumur n'ayant jamais pu voir des cousins accouplés, en est réduit sur ce sujet à des conjectures que nous n'avons pas reproduites ici. Voici ce que le baron de Géer, qui a si bien mérité le surnom de Réaumur suédois, nous apprend sur cet accouplement: Les mâles volent et s'assemblent, vers le coucher du soleil; alors les femelles se rendent auprès d'eux; dès qu'un mâle en voit une, il s'en approche, se joint à elle à l'instant, s'y accroche à l'aide de crochets que la nature a admirablement organisés pour cet usage spécial; ensuite il se laisse entraîner en l'air; leur accouplement dure seulement une minute, puis ils s'envolent chacun de leur côté.

EXPLICATION DES PLANCHES [1].

PLANCHES CORRESPONDANT AU TITRE I.

PLANCHE PREMIÈRE.

Nota. Toutes les figures qui sont sur cette planche importante sont accompagnées de leurs explications.

PLANCHE II.

Figures.

1. Cette figure représente une partie des muscles de la chenille (ver à soie), ouverte par le dos.

On peut y admirer la belle disposition d'une partie de ces muscles, dont le total s'élève au nombre de 4041.

2. Plusieurs fibres musculaires considérablement grossies.

[1] Tou'es les figures ont été grossies au microscope. On a conservé sur plusieurs planches les mots : *chenille du saule*, parce qu'elles ont été faites, ainsi que nous l'avons déjà observé, d'après les belles planches de Lyonet.

3. Plusieurs muscles du troisième gros intestin, très-grossis, avec les petites attaches qui les joignent ensemble.

Cet intestin peut avoir le nombre incroyable de 20 à 24000 petites attaches pour joindre ses 1800 muscles ensemble.

4. Une petite partie du ventricule, très-grossie.

PLANCHE III.

1. Système nerveux du corps du ver à soie.

2. Système respiratoire du ver à soie.

On peut voir sur cette figure une bonne partie des 1568 trachées que Lyonet a suivies.

PLANCHE IV.

1. Cette figure représente le corps graisseux et tous les viscères du ver à soie.

Le corps graisseux a été renversé sur les côtés de l'insecte, afin de découvrir tout l'intérieur du corps.

2. Une jambe antérieure.

3. Une jambe antérieure plus grossie, pour faire voir ses muscles.

4. Un des grands, et un des petits crochets de la jambe que représente la figure 5.

Les chenilles en ont en tout plus de 800, avec 800 membranes pour les tenir.

5. Une jambe intermédiaire munie de ses crochets.

6. Partie antérieure d'un des vaisseaux soyeux.

On peut admirer sur cette figure l'organisation
compliquée de ces vaisseaux; quoiqu'ils soient d'une
extrême ténuité.

7. Un des réservoirs des vaisseaux qui renferme
le suc corrosif qui sert, ou à ramollir le bois
que la chenille du saule creuse, ou à le
digérer, en s'y mêlant, quand elle l'avale.

PLANCHE V.

1. Intérieur d'une tête de ver à soie.

On peut voir sur cette figure très-importante,
quelques-uns des 228 muscles de la tête, des trachées, des nerfs, etc.

2. Le côté du ventre de l'œsophage avec tous
ses muscles.

3. La chenille qui ronge le bois du saule.

4. Un œil composé très-grossi.

5. Une partie de l'intérieur de l'œil de la figure 4
considérablement grossie.

On distingue sur cette figure 6 yeux pareils aux
11300 que le ver à soie peut avoir.

PLANCHE VI.

1. Une tête de ver à soie avec une partie de ses nerfs.

2. OEsophage, côté du dos.

   A, B, partie antérieure renfermée dans la tête; B, C, l'intermédiaire; C, D, la postérieure.

3. Ventricule (estomac).

4. Gros intestins et intestins grêles.

   On peut voir sur les figures 2, 3, 4, les 2186 muscles qui les recouvrent et leur belle disposition.

5. Une très-petite partie de la trachée artère, considérablement grossie, pour que l'on puisse distinguer ses trois tuniques.

6. Un morceau d'une des deux branches dans lesquelles le conduit de la moelle épinière se fourche près des ganglions.

7. Un ganglion qui, à son état naturel, n'est pas plus gros qu'un grain de sable.

   Les figures 6 et 7 sont très-remarquables à cause de la multitude de vaisseaux aérifères qui les sillonnent en tous sens. On peut penser quelle doit être l'extrême ténuité de ces vaisseaux, si nombreux sur des parties presqu'inapercevables à la vue!

6*

PLANCHES CORRESPONDANT AU TITRE II.

PLANCHE PREMIÈRE.

1. Le bateau que le cousin fait avec ses œufs.

2. La nymphe du cousin, entièrement allongée.

3. Un œuf séparé des autres.

> On voit l'ouverture avec son bouchon fait d'une matière cristalline.

4. Un cousin presqu'entièrement sorti de son enveloppe de nymphe, dans laquelle il est comme dans un bateau auquel il sert de mât.

5. Une femelle occupée à faire sa ponte.

> Elle a les quatre premières jambes appuyées sur une feuille qui flotte sur l'eau.

6. Un cousin mâle très-grossi.

> On remarque ses yeux à réseau, ses antennes à barbes, sa trompe, et les deux pièces terminées par des pennages qui lui servent de fourreau.

PLANCHE II.

1. Cette figure représente la partie antérieure d'un cousin, vue en-dessus, avec sa trompe.

2. Cette figure fait voir la partie antérieure d'un cousin, avec son aiguillon autant enfoncé qu'il le peut être.

Le fourreau alors est plié en deux, à l'exception de son bouton, et de la partie près de sa base, qui se joint à la tête.

3. Un aiguillon qui commence à s'introduire dans la chair.

4. Représente un ver (larve) de cousin, vu de côté, dans la position où il est lorsque, tranquille dans l'eau, il tient à sa surface, le bord du tuyau avec lequel il respire l'air.

r, bout du tuyau de la respiration, que le ver met de niveau avec la surface de l'eau ; a, tuyau plus court que le précédent, il donne sortie aux excréments ; p, p, poils disposés en entonnoir autour de l'anus ; n, n, nageoires ; i, i, tête ; d, d, antennes ; c, c, deux crochets que l'insecte agite toujours ; e, e, la poitrine ; f, le reste du corps.

5. Cousin mâle de grandeur naturelle.

6 , 7 et 8. Ces figures nous montrent les différences observées dans les pointes des diverses
pièces de l'aiguillon.

9. Le bout d'un étui d'aiguillon.

f, partie de l'étui; *g*, le bouton; *d*, pointe de
l'aiguillon qui sort.

10. La tête du cousin est vue en-dessus.

f, g, l'étui; on y distingue au-dessus une espèce
de coulisse; *d*, l'aiguillon, composé, dans la plus
grande partie de sa longueur, de toutes ses pièces,
à une près, *i*, qui s'est entièrement séparée des
autres; mais près de sa base, en *b*, on distingue
quatre pièces.

FIN DE L'EXPLICATION DES PLANCHES.

TABLE ALPHABÉTIQUE

DES PRINCIPAUX AUTEURS,

Connus par quelques publications remarquables sur les insectes.

AUDINET SERVILLE, ex-président de la société entomologique, membre de plusieurs sociétés savantes.

AUDOUIN (Victor), docteur-médecin, professeur administrateur au muséum d'histoire naturelle de Paris, chevalier de la Légion-d'Honneur, etc.

BOISDUVAL (J. A.), docteur-médecin, membre de plusieurs sociétés savantes, auteur de l'Entomologie de l'Astrolabe, etc.

BONELLI (François), directeur du cabinet d'histoire naturelle, à Turin.

BRONGNIART (Alexandre), professeur d'histoire naturelle aux écoles centrales de Paris, etc.

BRULLÉ (A.), aide-naturaliste au muséum, membre de la société entomologique de France, de la commission scientifique de Morée, etc.

CARUS (C. G.), conseiller et médecin du roi de Saxe, etc.

Chabrier (J.), ancien officier supérieur, membre correspondant de la société d'histoire naturelle de Paris.

Cuvier (baron G.), G. O. de la Légion-d'Honneur, conseiller d'état et au conseil royal de l'instruction publique, l'un des quarante de l'académie française, secrétaire perpétuel de l'académie des sciences, etc.

Dejean (le comte), pair de France, lieutenant-général des armées du roi, etc.

Dufour (Léon), docteur-médecin, correspondant de l'institut, chevalier de la Légion-d'Honneur, membre de la société entomologique de France, etc.

Dugès (A.), professeur à Montpellier.

Dujardin (Félix(, membre de la société philomatique.

Duméril (Constant), membre de l'institut, professeur administrateur du muséum d'histoire naturelle, professeur à l'école de médecine.

Dutrochet, médecin à Chateau-Renaud.

Duvau (Auguste), de la société d'histoire naturelle de Paris.

Fabricius (Jean-Chrétien), professeur d'histoire naturelle et d'économie rurale, à Kiel.

Fischer de Waldheim, directeur du muséum impérial de Moscou.

Géer (Charles baron de), maréchal de la cour de Suède, commandeur de l'ordre de Vasa, et membre de l'académie de Stockholm.

Geoffroy-saint-Hilaire (Etienne), professeur au

muséum d'histoire naturelle, membre de l'académie des sciences, etc.

GERMAR (Etienne-François), professeur de minéralogie, à Halle, etc.

GODART (Jean-Baptiste), proviseur sous le régime
impérial, au lycée de Bonn.

GUÉRIN (François-Etienne), de la société d'histoire
naturelle de Paris et de plusieurs sociétés savantes.

HAAN (Guill. de), conservateur du musée royal des
Pays-Bas.

HÉROLD, membre de plusieurs sociétés savantes.

HUBER (François), correspondant de l'académie des
sciences, à Genève.

HUBER (Pierre), fils du précédent, membre de plusieurs sociétés.

ILLIGER (J. C. G.), professeur à Berlin.

JURINE (Louis), professeur d'anatomie et de chirurgie
à Genève.

KIRBY (William), membre de la société linnéenne,
recteur de Barham, dans le comté de Suffolk, etc.

KING (François), docteur-médecin à Berlin, et membre de plusieurs sociétés savantes.

LACORDAIRE, membre de la société entomologique, etc.

LAMARCK (J. B.), membre de l'académie des sciences,
professeur au muséum d'histoire naturelle, etc.

LATREILLE (Pierre-André), de l'académie des sciences, etc.

LEACH (William), docteur-médecin, l'un des conser-
vateurs du muséum britannique.

LEPELETIER DE SAINT-FARGEAU, président de la société entomologique, etc.

LEUWENHOECK (Antoine), naturaliste.

LYONET (Pierre), avocat et membre de la société royale de Londres, etc.

MACLEAY (W. S.), de la société linnéenne de Londres, etc.

MACQUART (Jean) de la société royale des sciences, d'agriculture et des arts de Lille.

MALPIGHI (Marcellus), médecin et célèbre anatomiste.

MANNERHEIM (A. G.), conseiller de l'empereur de Russie.

MARSHAM, trésorier de la société linnéenne.

MÉRIAN (Marie-Sibylle), peintre.

MILNE-EDWARDS, professeur d'histoire naturelle, membre de diverses sociétés savantes, etc.

OLIVIER (A. G.), membre de l'Académie des sciences, professeur de zoologie à l'école d'Alfort, etc.

PALISSOT (baron de Bauvois), de l'académie des sciences.

PANZER (G. F.), médecin, à Nuremberg.

RAY (Jean), théologien.

RAMDOHR (Charles-Auguste), naturaliste allemand.

RÉAUMUR (René-Antoine-Ferchault de), membre de l'académie royale des sciences, etc.

RÉDI (Francisco), docteur en médecine.

ROBINEAU-DESVOIDY, médecin à Saint-Sauveur, membre correspondant de plusieurs sociétés savantes.

Roesel, naturaliste et peintre.

Savigny (Jules-César), membre de l'académie des sciences.

Serres (Marcel de), professeur de minéralogie à la faculté des sciences de Montpellier.

Spence, naturaliste anglais.

Straus (Durckheim-Hercule), auteur d'un ouvrage couronné par l'institut (1824).

Swammerdam (Jean), docteur en médecine et célèbre anatomiste.

Tigny (de), membre de la société d'histoire naturelle de Paris.

Tréviranus (G. B.), professeur à Brême.

Vallisniéri (Antonio), docteur en médecine.

Vanderlinden (P. L.), médecin et professeur d'histoire naturelle, à Bruxelles.

Virey (J. J.), docteur en médecine, membre de plusieurs sociétés savantes.

Walckenaer (C.), membre de l'académie des inscriptions et belles-lettres.

Weber (Frédéric), naturaliste allemand, professeur à Kiel.

Wiedemann (C. R. G.), professeur à Kiel.

TABLE DES MATIÈRES.

OBSERVATIONS SUR DIFFÉRENTS INSECTES TRÈS-REMARQUABLES
PAR LEUR INDUSTRIE, LEURS MOEURS ET LEUR ORGANISATION.

Première partie.

Seconde partie.

FIN DU VOLUME.

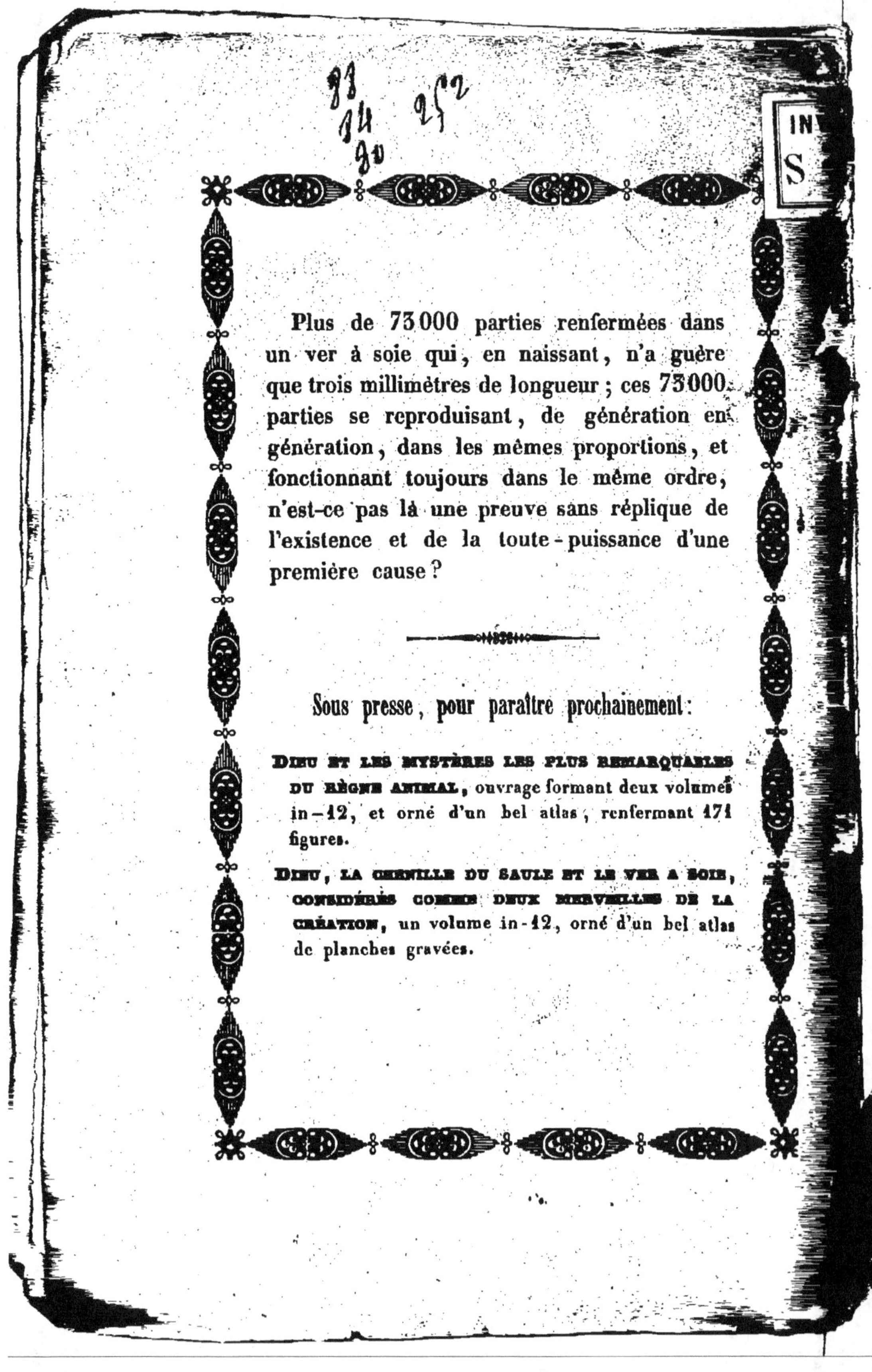

Plus de 73 000 parties renfermées dans un ver à soie qui, en naissant, n'a guère que trois millimètres de longueur ; ces 73 000 parties se reproduisant, de génération en génération, dans les mêmes proportions, et fonctionnant toujours dans le même ordre, n'est-ce pas là une preuve sans réplique de l'existence et de la toute-puissance d'une première cause ?

Sous presse, pour paraître prochainement :

DIEU ET LES MYSTÈRES LES PLUS REMARQUABLES DU RÈGNE ANIMAL, ouvrage formant deux volumes in-12, et orné d'un bel atlas, renfermant 171 figures.

DIEU, LA CHENILLE DU SAULE ET LE VER A SOIE, CONSIDÉRÉS COMME DEUX MERVEILLES DE LA CRÉATION, un volume in-12, orné d'un bel atlas de planches gravées.